HANDBOOK OF MULTIMEDIA DESIGN FOR ARCHITECTURAL DECORATION

建筑装饰多媒体设计应用手册

（附操作视频及海量素材光盘）

刘星雄　著

中国建筑工业出版社

图书在版编目（CIP）数据

建筑装饰多媒体设计应用手册 / 刘星雄著 .—北京：中国建筑工业出版社，2017.5

ISBN 978-7-112-20621-6

Ⅰ.①建…　Ⅱ.①刘…　Ⅲ.①建筑装饰—建筑设计—计算机辅助设计—手册　Ⅳ.①TU238-39

中国版本图书馆CIP数据核字（2017）第065656号

责任编辑：郑紫嫣　滕云飞　徐　纺
整体设计：刘星雄
责任校对：赵　颖　李欣慰

建筑装饰多媒体设计应用手册
刘星雄　著
*
中国建筑工业出版社出版、发行（北京海淀三里河路9号）
各地新华书店、建筑书店经销
北京京点图文设计有限公司制版
北京利丰雅高长城印刷有限公司印刷
*
开本：787×1092毫米　1/16　印张：9　字数：216千字
2017年11月第一版　2017年11月第一次印刷
定价：98.00元（含光盘）
ISBN 978-7-112-20621-6
（30284）

前 言

“环”……………你的上下、左右、周围
“境”………………………你的处地与心情
“艺术”……公认的一切美妙视觉感受
“设计”…佐以深厚艺术修养而设的谋略

在我们的创作中，要让大环境雄伟、辽阔，要让小环境温馨、典雅，要让人们的处地情感涤荡，要让人们的心境情随花开，更要让人们在视觉范围内可见的一切景物色彩亮丽和阳光斑斓。

因此，你要有广博的学识，对东西方建筑、景观、装饰文化，对后现代艺术的观念，有鞭辟入里的认知，并有运用多媒体技术的娴熟技能。

所以，你要借鉴一切意识形态里的历史、艺术、人文并加以“规划”，让业主们对你的“设计”和“谋略”认可，使“环境艺术产品”别开生面、梦笔生花，使虚拟的现实空间可观、可感地再现。

“设计”乃乌托邦，是幻念的理想主义，而多媒体技术就是将多种软件的设计手段融会贯通，去实现这一乌托邦。软件的学习既枯燥又易忘，但若随创建一个实用物体而学，就会有的放矢。比如画出此书中的欧式别墅，就要用到多种设计手法，而且是快速有效的设计手法，去实现它的“虚拟存在”，那么命令键的掌握就容易记住并且好学得多了。

本书通过讲解一栋单体建筑，包含景观、室内外装饰、投标等一系列实用技法，实现捆绑式教学。包含秘籍：从 CAD 中求尺寸导入 3D 中建模，从 3D 建模导入 CAD 中全方位标准地标注，从 CAD 导入 PS 中实现手绘效果。本书涵盖一切环境艺术设计，包括草图、实践、成果的全部过程，而不是孤立地教授设计理念和软件命令。观摩本书全部视频教学，如同身在课堂。

现在，就让我们手把手地看着视频和书中的提纲开始吧！

本书相关教学视频：含 3813 分钟教授巨献建筑、室内装饰、园林景观视频详解步骤。

（视频资源使用方法见 137 页）

（001）AUTOCAD 简介及建筑柱网由来

（002）3DSMAX 建筑室内外的建模视频

（003）PHOTOSHOP 的后期效果图处理

（004）AUTOCAD 的建筑标准标注视频

（005）把 CAD 文件转 PS 中画彩色平面图

（006）如何快速获得一张建筑手绘稿

（007）如何快速将建筑手绘稿复印放大

（008）如何快速将建筑手绘稿喷胶装裱

（009）如何快速绘制水彩彩铅建筑外观

（010）如何快速绘制马克笔室内效果图

（011）如何快速绘制数字手写板景观图

（012）大型吊车、大树起运、灌木移植

（013）投标文本的制作和光盘封面制作

（014）投标效果图的装饰相框装裱制作

（015）投标时现场效果图演示视频制作

随书附赠光盘：含 PSD 与 CAD 素材、景观装饰手绘图库、广告作品等。

（016）建筑、装饰、景观、3D、CAD 图库

（017）建筑室内外及景观装饰 PSD 图库

（018）建筑室内外 CAD 及景观装饰图库

（019）建筑室内外及景观装饰手绘图库

（020）历届毕业学生建筑装饰广告作品

（021）刘星雄环艺通识教育及教学参考

目 录 CONTENTS

第一章 知识积累 设计心路

第二章 数码乾坤 实战详解

第三章 匠心技巧 随心所欲

第四章 园林景观 心怡演绎

第五章 规范标准 工程图标

参考文献

视频资源使用方法

第一章　知识积累　设计心路

1. 何谓建筑设计
2. 红线规划、实地考察
3. 确立风格、整体创意
4. 实战演习：
   “歌德公馆建筑、室内、景观”
   整体创作设计心路

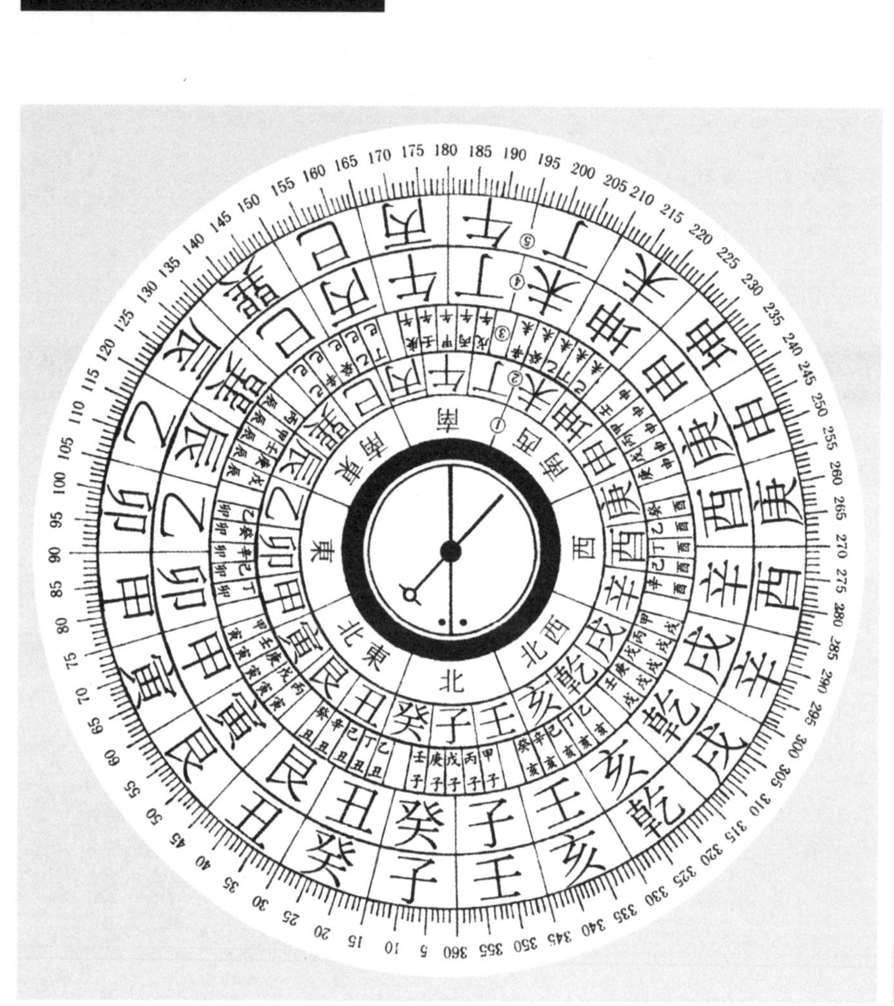

堪舆罗盘

摘自《阳宅撮要》. 吴鼒著

❶ 何谓建筑设计

在科学高度发达的今天，看到古老的建房、相宅、筑陵的堪舆罗盘和《阳宅十书》的点滴风水论，甚觉有趣。它离我们是那么遥远，但这就是中国几千年来最早的构建、筑物的理论和工具之冰山一角。中国古典建筑离不开风水学，应拨云见日来客观地研究它而不迷信，它有着深厚的哲理思想和人文情怀，是先民们智慧的结晶。

“风水”学，说的是上古先民们在筑屋建墓时，对周边的生态环境、地貌、风情以及气候等多种因素的综合揣度和勘察，再者是建筑物在营造中的某些禁忌和世俗的考量。风水学很难确切地说出风水术形成的年代，大约起源于原始聚落的营

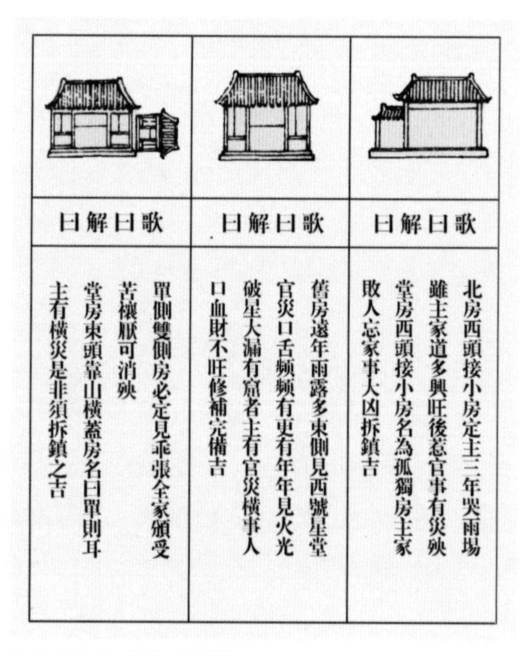

曰解曰歌	曰解曰歌	曰解曰歌
北房西頭接小房定主三年哭雨場雖主家道多興旺後惹官事有災殃 堂房西頭接小房名為孤獨房主家敗人忘家事大凶拆鎮吉	舊房遠年雨露多東側見西號星堂官災口舌頻頻有更有年年見火光 破星大漏有窟者主有官災橫事人口血財不旺修補完備吉	單側雙側房必定見乖張全家頻受苦樸厭可消殃 堂房東頭靠山橫蓋房名曰單則耳主有橫災是非須拆鎮之吉

摘自《风水与建筑》. 程建军、孙尚朴著

建，但起源于先民们早期的选址筑屋和定居的理论依托是肯定的，有文字历史记载的相地术，可以追溯到公元前十多世纪的商代殷人的甲骨占卜。其后在汉晋之时形成，唐宋元时较为成熟，到明清时已成派别和理论体系。大致为两派：一是形势派，着眼于山川地势对欲筑屋构建的周边自然环境的选择；二是理气派，着眼于建筑朝向和态势。而各派又有侧重阳宅（住宅）和阴宅（墓葬）之区分。上古时期，人们文化愚钝，对于自然界中的科学现象，无从解释时便求助于巫术和占卜，风水学也就遍及了华夏大地，牵引着先民们的精神世界与物质世界。当然风水学中有它的糟粕所在，但它哲理的逻辑性遗存还是主要的。

在古籍《诗经·大雅·公刘》一章中这样写道："笃公刘！既溥既长，既景迺冈，相其阴阳。观其流泉，其军三单，度其隰原。彻田为粮，度其夕阳，豳居允荒"。其意是描写了周人的祖先公刘迁居到豳时的情景。智慧的公刘观山相水、辨阳筑屋，又率领其军卒和百姓开垦荒田，播种五谷。山冈上房屋鳞次栉比，田野中丰收在望，一派大好景象。这就为原始的风水学，难道不科学吗？旷古至今，人们对居住环境相当重视，尤其是代表着神学的坛庙、寺观无不选址极佳，以便更好地掌控人们的物质与精神思想。依托风水学，其选址经验日积月累，更趋完善，便成了一门选址的学问——相地术。相地术又称堪舆术，加之受自然界现象认识的局限，古人相信"气运图谶"之说。凡兴工动土，必看地理形势，选择一个吉辰良景之"阴阳之交"、"藏风聚气、得水"的宝地而筑建成其构筑物。

"堪舆"其堪意通"勘"，有勘察之意，"舆"本指车厢，有负载之意，引喻为疆土和地道。所以堪舆有相地、占卜的意思。西汉刘安等在《淮南子》中注曰："堪，天道也；舆，地道也。"说明古人认为堪舆是门涉及天地万物的学问。因为古相地术中有相当多的内容与堪舆术有关，所以后来堪舆便逐渐成为相地的代名词。

思想家、先驱梁启超先生在其著作《中国学术思想变迁之大势》一书中也认为风水学说始于东汉，盛行于三国："其风水说之盛行可知"。

摘自《风水与建筑》，程建军、孙尚朴著

中国先民建筑建构讲究“风水宝地”,讲究“龙脉”。所谓“风水宝地”，确实有着较高的物质环境质量和自然景观质量。因为它们大都符合我国的自然大气候，并依据当地的具体小气候和地形而选定，是上古人们长期生活经验的总结和系统理论。

自然界发生的各种变化都影响着人们的生活，古人很早就意识到人和自然间的诡秘关系。人们从生活的实践中认识到，人的命运和大地是相连的。当土地丰美富饶时，人们生活繁荣昌盛；而当土地贫瘠或生态平衡被破坏时，人们生活也就随之而遭殃。

所以古代先民利用罗盘和科学的堪舆寻找答案，得出结论。中国位于地球的北半球、欧亚大陆的东部、太平洋西岸。这样的海陆位置有利于季风环流的形成，使中国成为世界上季风气候最明显的区域之一，盛行风向随季节呈周期性转换。冬季，中国境内大部分地区吹偏北风（北、东北和西北风），在其北部，寒风在住宅群中呼啸而过，沙土纷纷扬扬，天昏地暗，只有山峦和树木成为挡风的屏障。所以，在北方黄土平原等广大地域，例如陕西、山西、河南等地，人们便挖窑洞而居，或以四面高墙围成合院，创造了良好的御寒避风场所。夏季，发生在北太平洋西部的热带气旋形成的台风，对我国东南沿海进行着疯狂地肆虐。夏季由东南季风和西南季风带来太平洋和印度洋的丰富水汽，在中国东南部地区形成高温多雨的气候。南方一年一度的热带风暴和洪水吞噬着庄稼、住房和人们的生命。由此，人们认识到只有山坡台地利于防洪并减少危险，能提供较安全的居住地，并且产生发展了具有一定防风、防潮、防洪的干栏式（吊脚楼）和穿斗式建筑。古人在长期的生活实践中发现，如将住房建在河流的北边、山坡的南边，住宅可接纳更多的阳光，躲避凛冽的寒风，这既可以避免洪水的侵袭，又

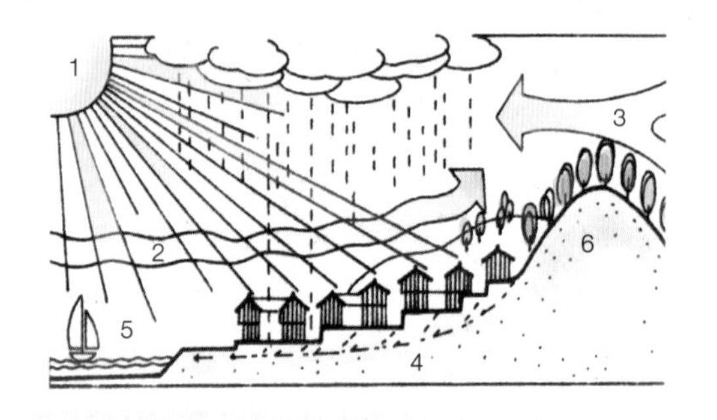

“风水宝地”理想建筑生态条件示意图

1. 良好日照 2. 迎纳夏季凉风 3. 屏挡冬季寒流 4. 良好排水排污 5. 便于用水与交通 6. 保持水土调节小气候。

可引水浇灌庄稼。如左右再有山丘围护，易守难攻，环境则更理想，这就是风水宝地。

在中国传统建筑中，建筑朝向的确定十分重要，它不仅要考虑气候日照和环境，还涉及政治文化等因素。中国地处北半球中纬度和低纬度地区，在这种自然地理环境中，房屋朝南可以冬季背风向阳、夏季迎风纳凉，所以中国的建筑基本以南向为主。不仅如此，在这个地理环境中产生的中国文化也具有“南面”的特征。“南面”构成中国整体文化的一个因素，在某种意义上说，中国文化具有方向性和空间感，是一种“南面文化”。如在古代天文学中，把天上星象分为“青龙、白虎、朱雀、玄武”东西南北四宫和中宫，天文星图的方位坐标是以面南“仰观天文”而绘，在古代地理学中，把大地分为九州，早期地图的绘制，一般遵循上南下北、左东右西，与今日地图坐标方位恰好相反，其亦是面南“俯察地理”而得。更有甚者，历代帝王的统治权术被称为“南面之术”，《易经·说卦传》:“圣人南面而听天下，向明而治。”《礼记》:“天子负扆南向而立”。可见，南面就意味着皇位官爵与权力的象征和尊严。所以古代天子、诸侯、士大夫及州府官员等升堂听政都是坐北向南。因此，中国历代的都城、皇宫殿堂、州县官府衙署均是南向的，结果使建筑的朝

向也拥有了文化的内涵。

风水：风水有良吉风景，更主要的还是要有水，有水才有生气，流水而不腐。故《管子》曰："凡立国都非于大山之下，必于广川之上，高毋近旱而水用足，下毋近水而沟防省"。如古时济南府"三面荷花一面柳，一城山色半城湖"讲的是济南家家有泉水、户户门垂杨。又如常熟，"十里青山半入城"，讲的是山水之景已伸到常熟城里了。再如杭州西湖，"山光潋滟晴方好，山色空蒙雨亦奇"入木三分地说明西湖湖景里，晴天和阴雨天的不同情形。还有如苏州"万家前后皆临水，四槛高地尽见山"，描写了苏州城内的水乡特色。

风水的学说就是先民们看天识地的方法，其主要目的就是为了更好地做建筑。而今天科技迅猛发达，已用不上罗盘堪舆了，取而代之的是遥感、天文仪、水准仪、经纬仪、卫星技术定位等。但"建筑不是房子"，清华大学教授王贵祥如是说。因为建筑有实用的、祭祀用的、防卫用的、观赏游乐用的等。如长城，其建筑为的是防御，如天坛，其建筑为的是皇室一年一度的祭祀场所，再如都江堰，其建筑设施是江水分流的水坝等等。

建筑：力量与威望的表达，中国的古典建筑受儒、释、道宗教文化思想影响，处事中庸，所

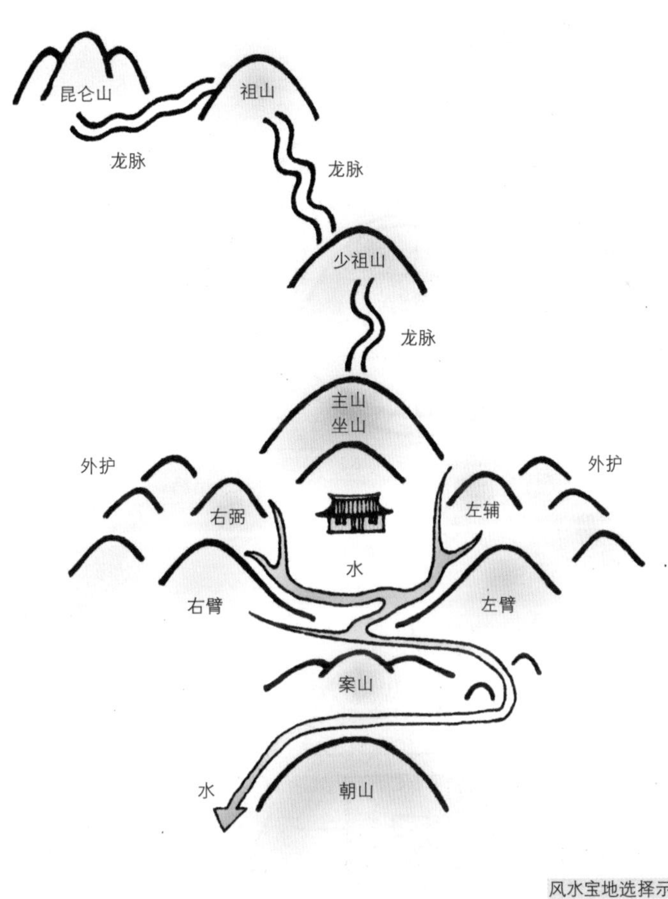

风水宝地选择示意

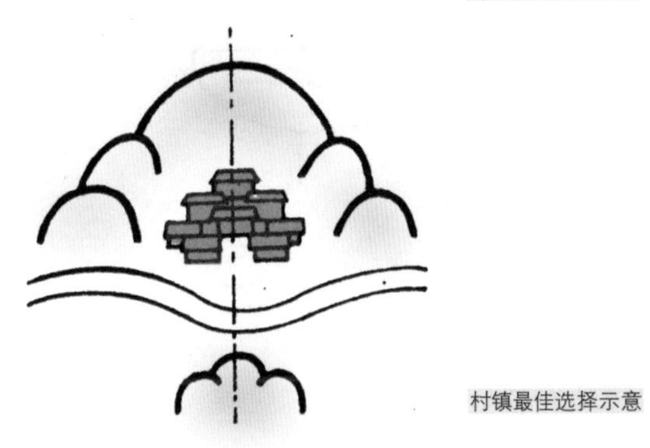

村镇最佳选择示意

摘自《风水与建筑》. 程建军、孔尚朴著

从以上图文中可以看出，华夏先民在漫长的时代更迭中，为了自身的生存理想，在与大自然和谐繁衍下，找到了对应的生存策略。风水论其实就是劳动人民的一种长期积淀下来的生活法则。当然，在实在无法抗衡天灾人祸时，就会祈求上苍，在风水学上增添了部分迷信色彩，我们今天来研究它，是本着客观及唯物辩证的思维。

负阴抱阳

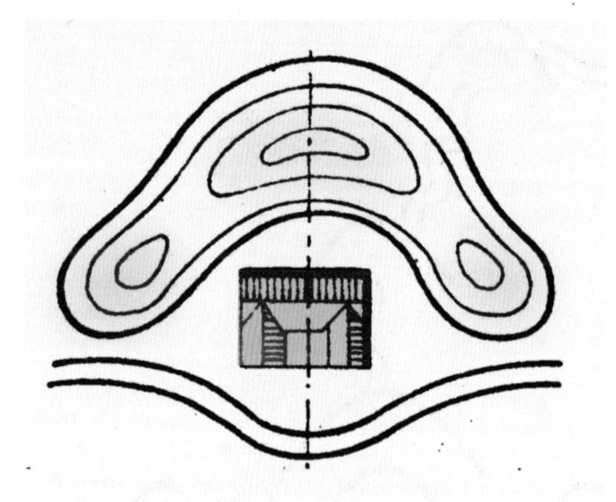

背山面河

山（玄武）

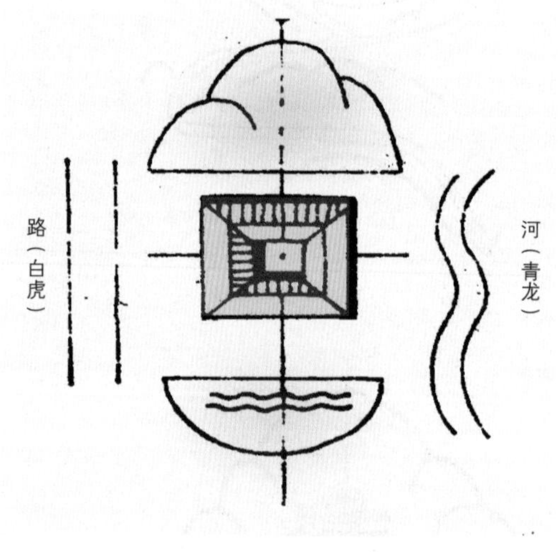

池（朱雀）

住宅最佳选择示意

以在建筑上皆为对称式，即中轴线式，如“左青龙右白虎、左相右辅、左晨钟右暮鼓”等。中轴线思想大约公元前五六千年前就有雏形，发现于红山文化的女神庙，在今天内蒙古赤峰，那个时候是骨器时代转入玉器的时代。在其后陆续出土的文化遗迹中，这种中轴式文化更为凸显了，如：

1. 太祖山：山势巍峨，是基址背后的群山之首，附近山有如簇拥，其他支山脉就是从该山分支。

2. 少祖山：“龙脉”从太祖分支一路蜿蜒起伏，再起峰便是少祖山。

3. 父母山：又称主山、坐山、乐山、来龙山，是龙脉尽头的山，父母山下便是结穴“龙穴”所在。

4. 龙穴：父母山下结穴之处，被认为是千里来龙止息之处，龙脉生气凝聚之点，是选址最佳点。

5. 明堂：龙穴之前的空旷地，明堂有内外，紧靠穴前的平地是内明堂，不宜太宽可“藏风聚气”。离穴较远的称外明堂要宽而忌窄，长久发展之计。

6. 抱水：穴前池塘或河流呈半月或环抱状，被认为使基址生瑞气凝聚不散，好基址前必有水抱。

7. 青龙山：基址之左亦称左辅、左翼、左肩等。

8. 白虎山：基址之右亦称右弼、右翼、右肩等。青龙山和白虎山左右围护，成“虎踞龙盘”之势。

9. 护山：青龙山和白虎山以外的层层岗阜山丘。护山、青龙和白虎这些低小的山丘，又通称沙山。

10. 水口山：水流离明堂而去的左右两山隔水对峙，称狮山、象山、龟山、蛇山。

11. 案山：基址之前隔水的近山往往低矮的小岗。

12. 朝山：基址或父母山遥对的远山，是收缩点。

13. 龙脉：连太祖山、少祖山及父母山的脉络之山。

河姆渡文化、良渚文化、龙山文化、二里头文化、三星堆文化、巴渝文化、红山文化等。中轴线文化的遗迹数不胜数，但最典范的要属北京天安门紫禁城了。天安门建于明永乐五年（1407 年），完成于永乐十八年（1420 年）。

中国的古典建筑文化由单一木结构传承延续发展至今十几个世纪（公元 400 ~ 1600 年），主要为木结构的梁柱建筑类型，也包括部分砖石材料防御型建筑，如长城。最显著的特征是坡瓦屋顶、屋檐出挑且距离较大、檐口呈两端起翘的曲线形状，檐下为形状复杂的多重斗栱、梁柱雀替、花牙子和装饰，如和玺彩画、匾额、楹联等，形成强烈的节奏感、文化感和色彩艳丽感。

中国古建分皇宫、官署、坛庙、民居、防御等几种，而且其建筑等级森严。皇宫可用黄瓦红墙，门为“九九八十一路”铜铆钉大门，皇帝门上的铜铆钉为：九路配九路，亲王七路配九路，王爷七配七路，官宦五路配五路。屋檐起翘，垂脊上走兽可多为十三个，要成单数，第一个为仙人指路，后序列排为：仙人、龙、凤、狮子、天马、海马、押鱼、狻猊（suān ní）、獬豸（xiè zhì）、斗牛、行什（háng shí）。龙形雕柱、鳌坐碑、汉白玉勾栏、华表、经幢等。坛庙多为绿瓦、曙红立柱、土黄色墙、广植松柏，有几进宝殿，设中轴对称式钟楼、鼓楼。民居，有南北之分，多为白墙黛瓦，一律不得用黄色、红色、金色，大门绝不能用铜铆钉。官署介于皇室与民宅用色之间，门前定立对狮。

中国古建木梁构成房屋框架，屋顶与房檐的重量通过梁架传递到立柱上，墙壁只起隔断作用，而不是承担房屋重量的结构部分。有“墙倒屋不塌”之美誉。综观以上，在中国传统建筑建构上，怡人怡景，都是由若干个单座建筑和一些围廊、围墙之类环绕成一个个庭院而组成。多数庭院都是前后串联起来，通过前院到后院，这是中国封建社会“长幼有序，内外有别”思想意识的产物。家中主要人物，或者应和外界隔绝的人物（如贵族家庭的少女），往往生活在离外门很远的庭院里，这就形成一院又一院、层层深入的空间格局。宋代文人欧阳修《蝶恋花》一词中有“庭院深深深几许”的诗句，又有“侯门深似海”的暗寓，形象说明中国古建在布局上的重要特性和组群布局所营造的艺术氛围。它像一幅散点透视中国画长卷，以太湖石、黄石筑成的园林水景景观，要抒情地像一只飞鸟，停停转转，必须一段段地逐渐展看，移步成景、别有洞天、柳暗花明、胜境无穷。

西方建筑多为单一的宫殿、府邸和别墅，常见立于空旷的山坡上、森林里。西方多火山，充分利用火山灰，因而很早就发明了水泥。古埃及、古希腊、古罗马及两河流域，就广泛用石材做建筑，故与中国迥然不同，由三种柱式（多立克、爱奥尼、科林斯）以及穹隆顶、石棱窗等组成。还有法式线角上的圆雕、山花门饰、山墙、高耸入云的屋顶等。它就像个宝盒，四边角都有着精美的花纹。它没有中国式的风水学说，但建筑设计及建造严格按科学的“黄金分割”律来实施，进而发展成为一种“构件套用”的建筑方式。

建筑是一个与人共生的生命体，我们可以把建筑中的很多元素类比成生命体中的等价物，比如建筑的通风系统对应生物的呼吸系统，建筑的给排水系统对应生物的血液循环系统，建筑的控制系统对应生物的神经系统，建筑的功能对应生物体的内脏器官，而人的眼睛经常被比喻成心灵的窗户。建筑还是一个有思想、有精神的造物。故“建筑是什么”结论为：

建筑是一种时代气息的表达。脱离了时代，建筑也就无生命力；

建筑是一种思想理念的诠释和阐述；

建筑是一种技术手段的呈献，不同时代的建筑风貌反映出技术与形式的制约关系；

建筑是一种生存方式，形式与功能这统一又对立的因子，在不同时代表呈现出不同的制约关系。

时代的车轮像高铁一样驶入了新世纪，不管东方、西方，均已不在建筑传统风格上下文章，代之的是后现代主义、解构主义、光怪离奇的个性化建筑。使得法国新凯旋门、美国的再造世贸大楼、北京的奥运场馆、上海的浦东新城充斥着同样的钢筋力构、真空玻璃幕墙构成的摩天大楼，冰冷的立体构成式非线性建筑毫无地域文化可言，从而造成千国万城一面。呼吁！这不是世界建筑史该发展的理想境地。

中轴线上的时代烙印，雄壮伟岸的首都北京紫禁城全景

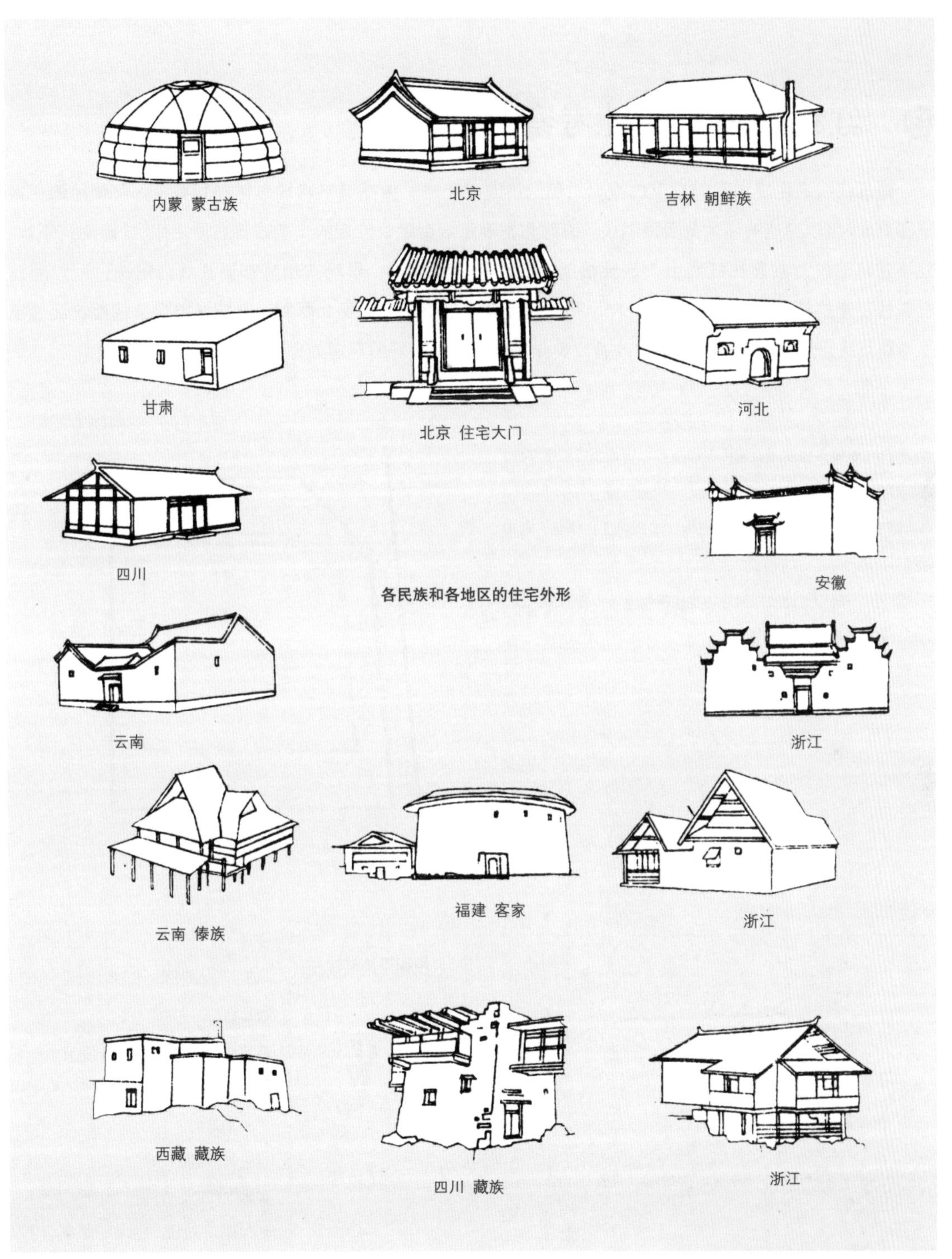

中国各民族和各地区的住宅外形举例

摘自《风水与建筑》. 程建军、孔尚朴著

❷ 红线规划、实地考察

建筑红线是由规划部门规定的或相关部门协商确定的，依据城市建设总体规划要求，可使用的用地范围界限，可以建造的最大范围限制线。有时也把确定沿街建筑位置的一条建筑线谓之红线，即建筑红线。但不是将建筑直接建在红线上，是要根据需要，如门前过道、景观占地等都要红线内解决，所以有建筑退线。建筑红线可与道路红线重合，建筑的挑檐和台阶一般不受此限制。在新城市中常使建筑红线退于道路红线之后，以便腾出用地，改善或美化环境，取得良好的环境效果。

道路红线：是城市道路（含居住区级道路）用地的规划控制线，道路的两侧最外边的线。

用地红线：是用地范围的规划控制线，建筑物及其绿化、道路等的最外边界线。

建筑红线：一般称为建筑控制线，是建筑物基地位置的控制线，建筑物接触地面的最外边线。

参考图例一　建设控制线

用地红线

建筑红线

6.2m

6.0m

6.0m

文德福花园

限高：150m

12.0m

文德福花园

参考图例二　规划用地控制线

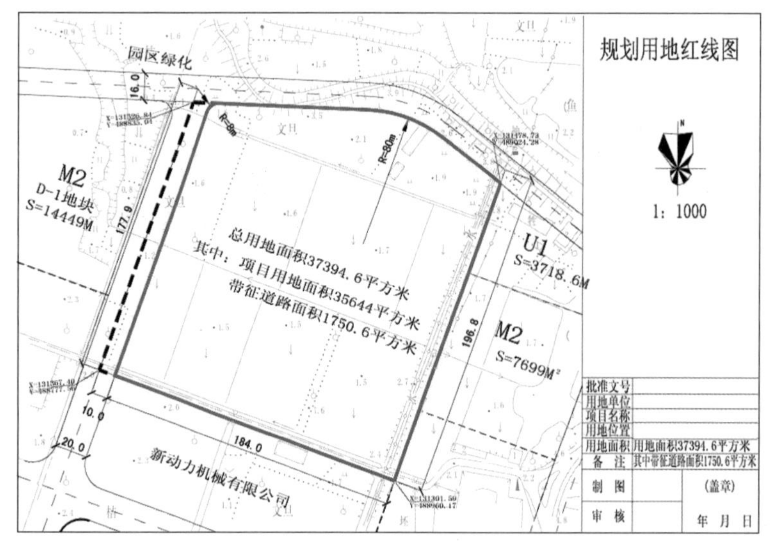

受理：

已批准的总平面图，建设项目定点申请表。

现场踏勘：

报建中心组织现场勘查，报建资料真实，符合法定条件和形式的，造册提交局例会。

规划例会：

提出审查意见转由主办科室（城乡科、建工科、市政科、各规划分局等，下同）办理。

建筑红线办理：

主办科室根据相关文件和规定，制作审批建筑红线。

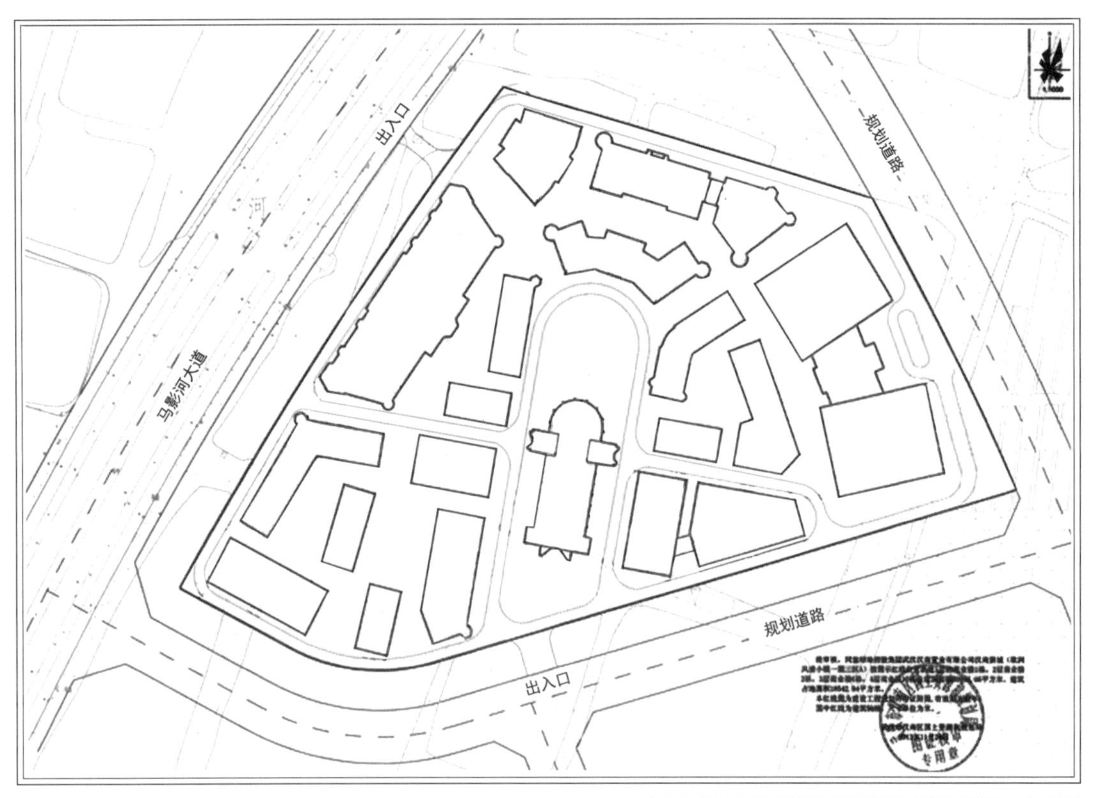

参考图例三　某新城（欧洲风情小镇）建筑核位红线图

参考图例四　某新城（欧洲风情小镇）鸟瞰效果图

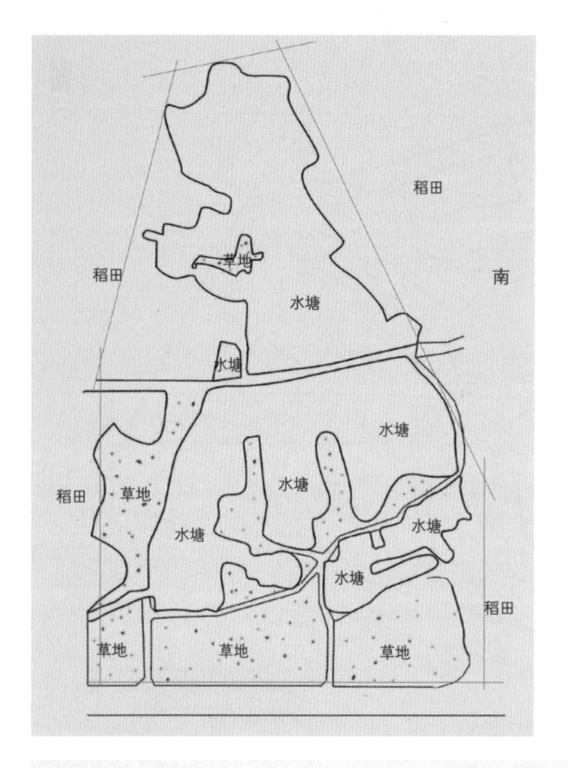

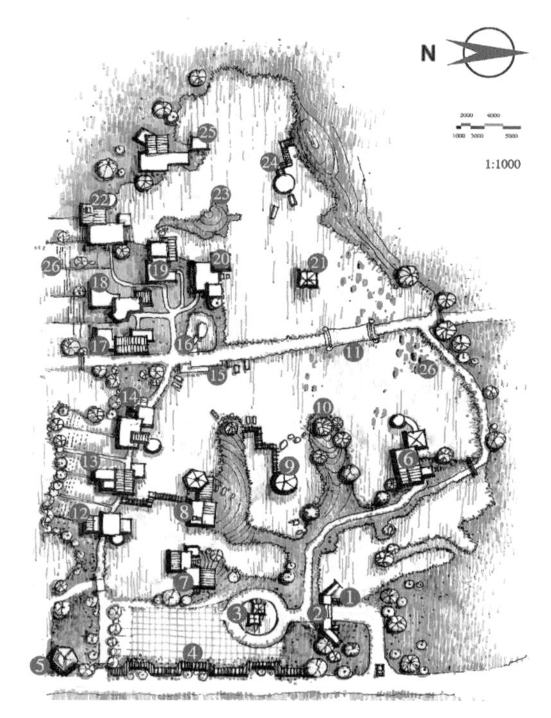

根据图纸现场勘查、调研、开建

❸ 确立风格、整体创意

风格是指人类活动的一切表象，以独有的特点致某些种类的自然现象，它们或大或小，不在乎当时人们是否有意追求过或者意识到它们。然而，规律消除了人们创作产品的一切偶然给予，给创作活动的每个方向以它们自己的特定呈现。直白地说，一个人或一个实体以一贯行为而表现的就是其风格。

中式传统建筑语言几乎都是建立在中轴线上，讲究平稳。建筑屋顶飘逸，有飞天浪漫情怀。主要以木构建为主、坡屋顶。

作者受房地产商业主委托，为配套其旗下一宾馆在郊外老家宅基地建数栋别墅，要求建筑风格各异，以迎合不同层次、不同国籍人士在宾馆以外休闲的需求。纵观建筑、装饰、园林景观，有三大主要风格，多种流派包括中式风格、欧式风格、现代风格。中式风格有徽派江南情调、明清遗韵与楚汉雄风等。欧式风格有拜占庭罗马式、哥特式、巴洛克式等。现代风格有取之不尽的现代装饰材料，石材有天然的与人工合成的，有各种工程玻璃及各色玻璃幕墙，有各种室内、室外的轻钢龙骨、型材，有各种规格厚薄的钢板、砂光板及各色系列铝塑板，有各种用途的阳光天棚板和数不胜数的进口合成木板材、不锈钢、钛金等等。

欧式建筑以文艺复兴时期为建筑艺术的高峰，主以石质材料构建，哥特式对称形式为主，讲究三种柱式的选用和穹隆顶，装饰受宗教影响屋顶尖矗入云，建筑装饰以雕像、花饰为主。

“人要衣装、佛要金装、货要包装”指的是任何东西除其有良好的本质外，还要实时适地包装，但怎样包装就看设计师的知识涵养及基础水准了。

本书中，我们将设计示范一栋整套欧式别墅，从建筑室外、景观及室内与装饰等项目，全视频操作过程以飨读者，真正领悟创意设计全意图。

为什么不考虑中式和现代式呢？中式风格大家天天可见可感，而现代式风格又仅仅是立体构成，没有什么文化符号和历史意识形态主义可追踪，相对于中式、西式传统建筑风格表现容易得多。所以，以研究探讨的形式设计一套欧式别墅，

后现代建筑，摒弃一切传统意识形态文化语言。主材以钢构、现浇为主，装饰受高科技影响，材料时尚，构建多为立体构成，非线性建筑形式为主流。

以实物的形态，作建筑设计与工业造型设计。其空间联想概念丰富，发散思维无穷。

发散思维与集合思维联想下的产物，设计要有挖空心思的幻想；没有幻想，就没有飞船上天，没有幻想，就没有潜艇下海，没有幻想就没有一切……

再佐以本书目的，以多媒体技术知识全方位视频展现出来。

通过以上的理论阐述和图例解析，我们已经对设计元素有了更进一步的理解，现就动手创作并通过多媒体技术的辅助设计手段，去实现自己心中的“乌托邦”。

“设计”二字说起来容易、轻松，但却非常抽象，仿佛没有边际，尤其进行深层次设计时，头脑里常常是一片空白，无从下手。此时，我们就要通过发散思维，去放飞想象，看到云彩会联想到棉花，看到甲壳虫会联想到小轿车，看到一个动物可能会设计一两件玩具，看到一脸盆水可能会联想到游泳池，看到一个大凳子可能会联想到搭建一个房子……

设计一词既是动词又是名词。作为一个动词，设计有立意、筹划、构思等含义，表达为一系列思维或形式、图式的创造活动：设计图案、设计汽车、设计建筑、设计一项活动等；作为名词，设计有风格、文案、计划和设想等。它是人类创造活动的结果以及状态的表述，只要人们将知识、经验，以及直觉投射于未来，目的是改变现状的活动，都带有设计性质。设计因此被理解为人类带有目的性指向未来的创造性行为。无论作为名词还是动词，设计正趋于开放并且随着时代的变化而不断变化和递进。

凳子的四条腿，我们将它想象成建筑的结构，凳子坐面想象成为屋顶或玻璃顶棚，四条腿之四周可以用玻璃幕墙来做围墙装饰（大多后现代主义建筑都是将围墙拆了开大玻璃窗，现今的大酒店、大商场皆是如此），也可砌砖来做围墙的封闭性处理等。屋顶可以设计成阳台，也可以想象为主卧或客厅的露天屋顶玻璃窗，晚上与客人侃大山或睡于床上时数数星星、看看月亮，该是多么浪漫、多么惬意的事情。只要你开启想象的阀门，千万条思维将奔涌，就像电影里的蒙太奇一样，一幕幕，在你面前精彩展现。

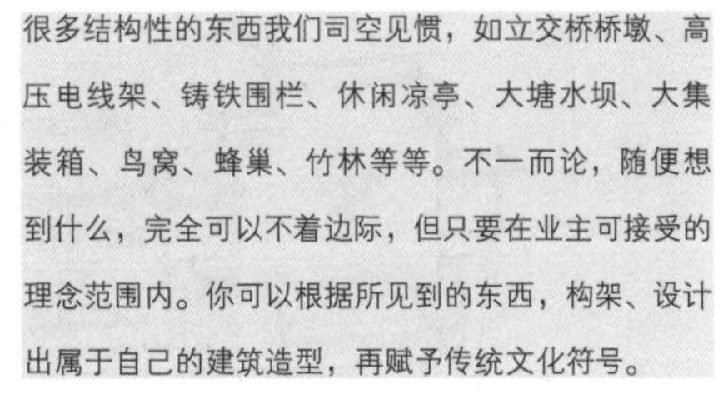

很多结构性的东西我们司空见惯，如立交桥桥墩、高压电线架、铸铁围栏、休闲凉亭、大塘水坝、大集装箱、鸟窝、蜂巢、竹林等等。不一而论，随便想到什么，完全可以不着边际，但只要在业主可接受的理念范围内。你可以根据所见到的东西，构架、设计出属于自己的建筑造型，再赋予传统文化符号。

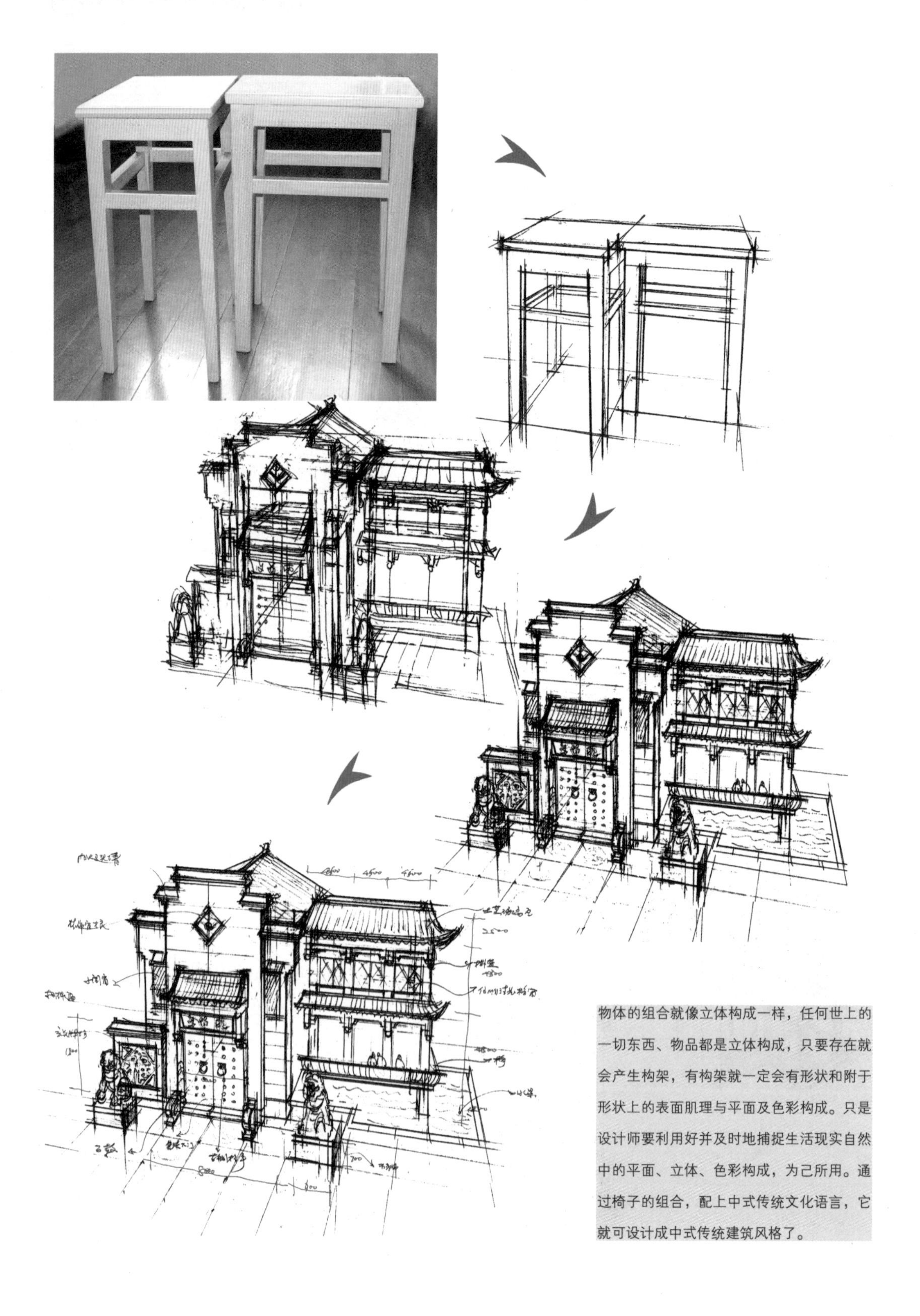

物体的组合就像立体构成一样，任何世上的一切东西、物品都是立体构成，只要存在就会产生构架，有构架就一定会有形状和附于形状上的表面肌理与平面及色彩构成。只是设计师要利用好并及时地捕捉生活现实自然中的平面、立体、色彩构成，为己所用。通过椅子的组合，配上中式传统文化语言，它就可设计成中式传统建筑风格了。

建筑结构对于学装饰艺术的人来说好遥远，也不是所学专业，而装饰艺术与建筑艺术很多东西是相通的，只要你能设计、想象出的造型，结构学者就一定能给你配出结构，所以说只有想不到，没有做不出来的。我们知道，三足就可鼎立，四足就可以无限地扩展你想要的空间、造型以及面积……通过凳子结构的简意理解，摸索学习中进一步锻炼自己，提升自己、造就自己。

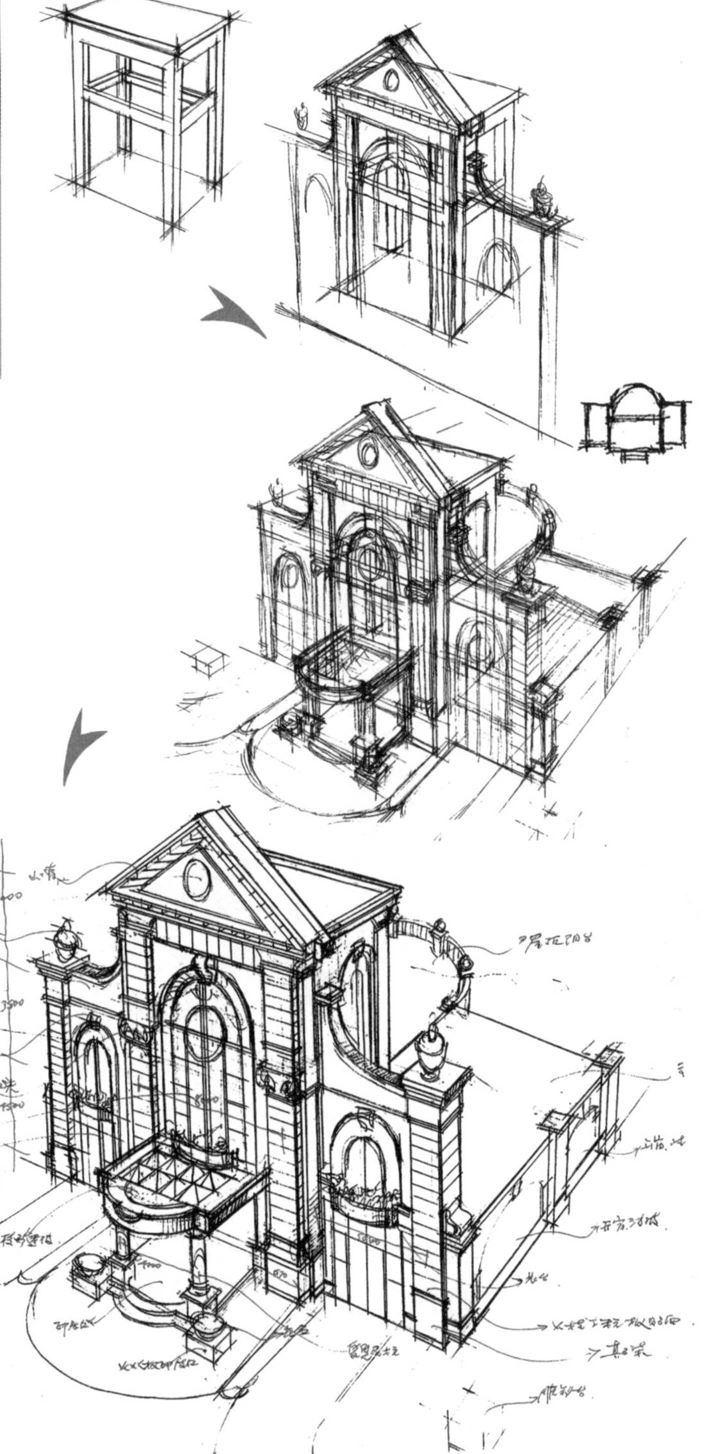

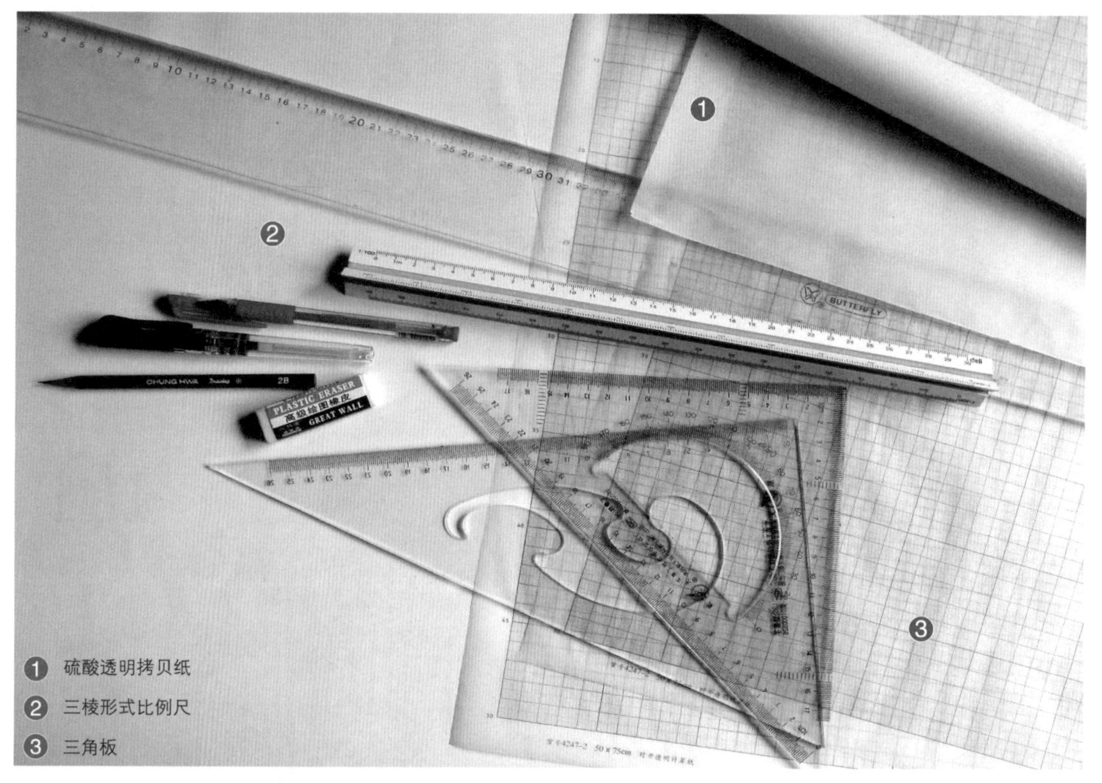

1 硫酸透明拷贝纸
2 三棱形式比例尺
3 三角板

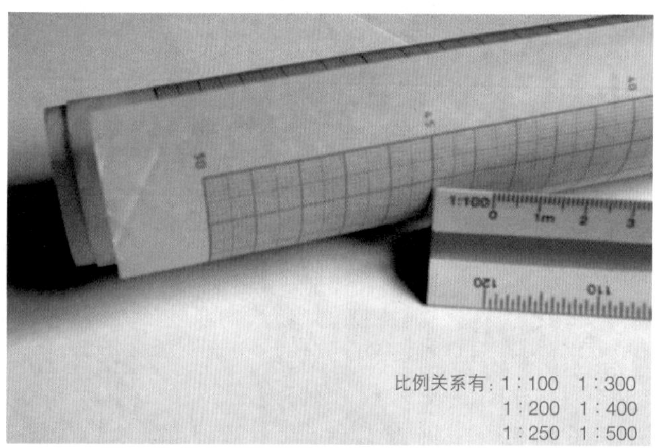

比例关系有：1∶100　1∶300
1∶200　1∶400
1∶250　1∶500

设计师所感、所悟、所绘都能通过自己的双手虚拟再现出来，那是一件很幸福、很浪漫的事情，会像坐飞机般飘飘然。但如果你所创意的思想自己表达不出来，而是需要他人完成时，实是一件遗憾之事，往往所制作出的设计又不是你心中所想要的，更是件憾事。

通过这一椅子设计稿过程，经过多媒体软件的交替使用，使自己的空想逐步成为现实。你也可根据所学的“发散思维”自己设计一栋单体建筑，对本书多媒体教学的实战练习，举一反三，先知其然再知其所以然。优秀的设计师就是这样炼成的。

软件的内涵是很广、很强大的，你没有必要每个命令及子命令键都要懂，那也不现实。就像爬山一样，你可坐电缆车上山，也可两条腿爬上山。关键是如何快捷地看到山顶的无限风光（看到自己亲手绘制的建筑、室内装饰和景观渲染图）。

注：初学平面布置，最好用三棱形式比例尺或放样到九宫格硫酸透明纸当中练习，这样自己才更容易把握准确的建筑、室内装饰及景观的平面布置。

学习软件，尤其学习多媒体技术，多项软件并用是有一定难度的。但所有软件的作用很明确，不论如何升级，其基础不会变，得只是通过使用后之命令键的运作程序更加方便而已，但要求的电脑配置就越高。任何软件只要自己用得习惯、更高效就行。

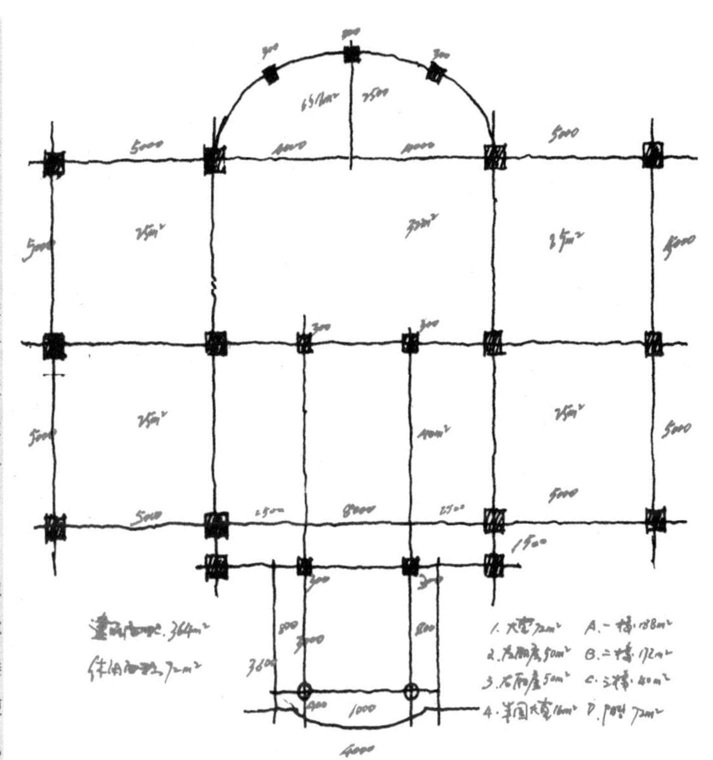

初学者对于设计的东西一定要按比例去进行，才能更好地把握自始至终的效果。你可用比例尺、三角尺来运算所想设计的平面大小。也可用九宫格纸来确定自己的设计定位，比例于一张你认定的纸面上，A3 或对开均可。

在设计一、二、三层平面布置时，最好用透明硫酸纸，从第一层规划设计，然后是考虑上楼等主要共享空间，再用透明纸规划二楼的平面布置，再是三楼和阳台、屋顶等，便于看到柱网的结构和上下房间的布置对应。如果是陈旧建筑改造，而不是框架建筑结构，是不能随便拆墙开窗或开门的. 再如果想隔一两处房间出来，墙体一定要轻质隔断，而且一定要墙体上、下对接，更不能随意在没有梁、没有墙体屋面上再砌墙。

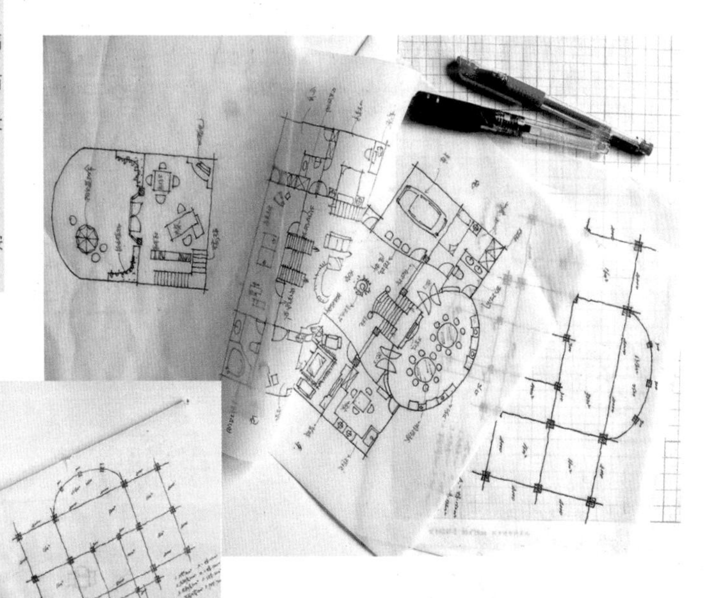

注: 切记! 对于平面布置，初学者一定要按比例去画。

一个方块代表一张床、桌子、凳子等，一个圆又代表一张饭桌、一盏台灯等。无比例地去画，饭桌多大、台灯又多大，心里无底，手上就发虚，越画下去越没底。但如果是每一笔都按比例去布置就太容易了，可将设计的草稿翻来覆去地“大闹天宫”，也可“僧敲月下门，是推还是敲”地仔细揣摩。

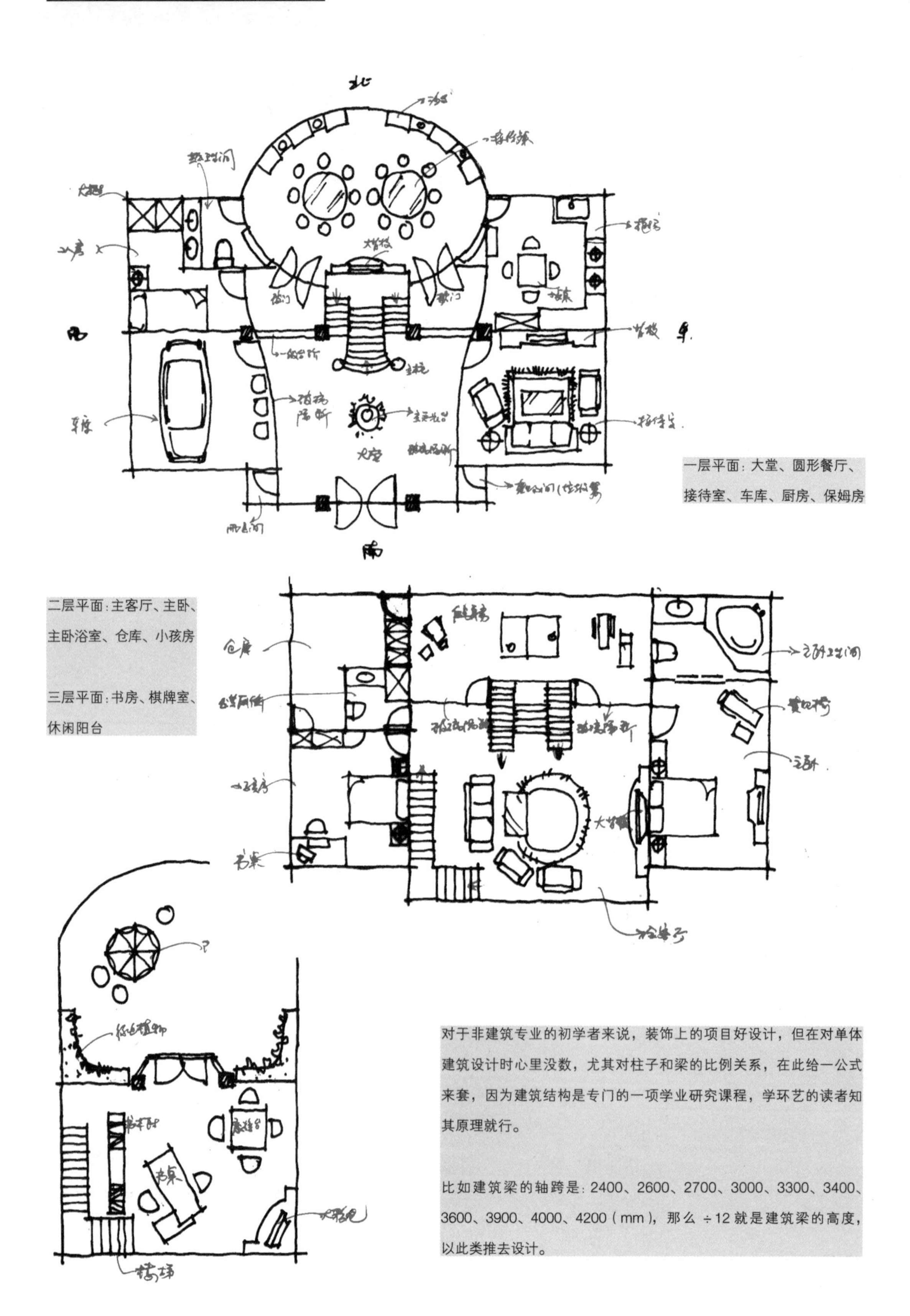

一层平面：大堂、圆形餐厅、接待室、车库、厨房、保姆房

二层平面：主客厅、主卧、主卧浴室、仓库、小孩房

三层平面：书房、棋牌室、休闲阳台

对于非建筑专业的初学者来说，装饰上的项目好设计，但在对单体建筑设计时心里没数，尤其对柱子和梁的比例关系，在此给一公式来套，因为建筑结构是专门的一项学业研究课程，学环艺的读者知其原理就行。

比如建筑梁的轴跨是：2400、2600、2700、3000、3300、3400、3600、3900、4000、4200（mm），那么 ÷12 就是建筑梁的高度，以此类推去设计。

❹ 实战演习:“歌德公馆建筑、室内、景观”整体创作设计心路

本章案例“歌德公馆”

每当我给大二环境系学生上第一堂“计算机多媒体辅助设计”课时说:“本节 94 个课时后，考试题目为，设计一栋有标准尺寸的欧式别墅”，顿时同学们愕然……

“这怎么可能，大一才刚刚学完素描静物、色彩静物、素描头像、色彩头像及设计基础三大构成。连一点电脑画图经验都没有，欧式建筑我们都没见过，还有那么多建筑材料、室内装饰装修材料、园林景观园艺材料等等都不懂。不晓得树、不认识花，就 94 个课时，要学会操作三门设计软件 CAD、3D、PS，这怎么可能！再者，建筑的比例、结构粗细及装修经验一点都不知道，怎么画、怎么设计呀？”我说:“若没有压力，就不叫大学。何况电脑多媒体设计将伴随着你工作一辈子，必须认真学好。”

接下来还会有多媒体计算机辅助设计课程，可以学习巩固，但又将会学新的知识，如装修施工图和影视效果图视频后期制作等，而 CAD、3D 和 PS 只要认真对着本书上的每一个步骤仔细看，你们绝对学得会。因为你要设计的和所想要画的任何东西，每个步骤及设计过程，本书都有视频提供，可反复揣摩并举一反三。

倘若软件只讲命令键，那既枯燥又乏味，而拿这栋欧式别墅来设计运用，用什么方法、什么样的命令键去达到什么目的，就能“有血有肉”地针对性地去教“辅助设计”，如此，软件命令键就易记得更牢，因为此时你已知道做什么物体，对应什么软件了。

“有血有肉”的教法就是要学知识积累建筑知识、材料知识、环境知识、装修知识、绘画知识、心理知识、口才训练等。终极目的是练“高手”，不是只会画图的操作员。

综上是上环境艺术课程，全方位“通才环艺知识教育”的道理说明，让大家了解到更好、更主动地去学习软件和创作的心路目的。

接下来，就开始教授和引领大家进入彻底的乌托邦虚拟世界！

这就是“房子”。（图 1、图 2）

先从座位下拿出个椅子放于桌上：

一、椅面为屋顶。你可以就这样做平顶，做出女儿墙（即 1.1m 高围墙）露天大阳台，也可做坡屋顶，人字形并安上老虎窗（阁楼小窗）。你也可直接将平顶设计成玻璃天窗，亲朋好友来作客，在大客厅里就可中秋赏月，雨中听声……是不是很浪漫呢？问题来了，漏雨怎么办，夏天太晒怎么办？那你是不是该去查建设资料呢？查看一下防漏知识和防晒知识。

二、椅子中间的四根横档，铺上平面水泥楼板就是大房间了，但太大了，不能光做客厅，是不是要设计出公共卫生间、棋牌室、健身房呢？此时要学习卫生间的规范设计，最小不能少于 $4m^2$，还有健身房的体育设施问题。

三、椅子中间的四根横档下面很空，再做两层楼如何？那就是三层楼了。是否还想要有个地下室储藏室或酒窖呢？储藏室地很潮湿，要查资料学会如何抽湿防霉。

四、椅子的四条腿，我们就假设为房间的四根柱子，但房间你想设计多大呢？也就是说一、二、三层楼总共你想要多少面积？你要买一个 5m 以上长的圈尺，去找个大教室量一量，模拟一下看看如何摆布。

五、三层楼外加地下储藏室和酒窖，你想隔出多少房间呢？房子的功能是什么，哪放主卧，哪放次卧，哪放书房？若你实在想不出来了，就想想自己现在住的家里之平面布置吧，这样你绝对就会有想法了。既然是设计别墅，你可“土豪”霸气一把。你难道不想虚拟地扩大你家庭的面积吗？这样，三层楼的平面不就可布置出来了吗？

主卧、次卧、卫生洁具，你想要什么牌子，什么款式，该不该好好逛一下大家具商城呢？看好款式、品牌，拍好照片，量好尺寸，画平面布置图，不就有根有据了吗？

六、三层楼加地下室设计出来了，那又如何上楼呢？你再霸气一把，安装个户外豪华观光电梯如何？将安哪个方位呢？西面肯定不好，西晒，届时上楼眼睛都晒得睁不开。北面也不好，因为冬天会太冷。你还要去看建材市场，看看自己如何设计，不能随意画，因为没有根据，画出的图纸是没用的，要有根有据。

七、这椅子（房子）外观四平八稳，造型不好看，设想一下，在哪一面墙伸出点来做造型或飘檐出一点来做个小露台、小阳台？我们知道，三足就可鼎立，相互支撑而不倒，那四、五、六足等等，不就扩大了建筑纯方形外观了吗？（图 2）。你是不是该去城市中的住宅群里找几栋别墅参考参考，

量量尺寸，最起码翻一点别墅资料吧。

八、造型多了，空间也就多了，房间就有转折及大小了，就会有柱子，那柱多大呢，你就将设计的房间长度或宽度除以 12，得出来的就是房间梁柱的大小了，如：车库长宽各 5m，面积共 25m^2，梁柱为(5000/12 ≈ 420)。故梁为 42cm。当然这只是学环艺学生学画建筑方案造型时，仅以公式暂时得出梁柱的大小，若你设计的外观方案被人相中后，其结构那是由建筑结构的学者去完成的。

九、四面墙你可以安装玻璃，对外可一览无余，但如卧室及厕所之私密空间，还得封砖墙，用何种砖块呢？这就得查看建筑材料。要去建筑施工现场看看，感受不同砖块的质地、轻重、体量及尺寸大小，拍下材质照片后做建模贴图，设计时就有第一手资料了。总之越想问题就越多，不就很丰富了吗?

十、做完平面布置及外形轮廓，你就得赋予这无生命的立体构成以文化。也就是建筑语言、建筑符号，你的设计就有了风格。你是不是查看一点风水资料，查看中外建筑风格、建筑语言及建筑历史呢?在你认真翻阅资料后，你就快成有知识、有头脑、有方向、有品位的设计师了。找到你所喜欢的建筑风格，真正做到有根有据，就不会贻笑大方了。(图 3 ~ 图 9)。

(3)

(4)

(5)

(6)

(7)

(8)

(9)

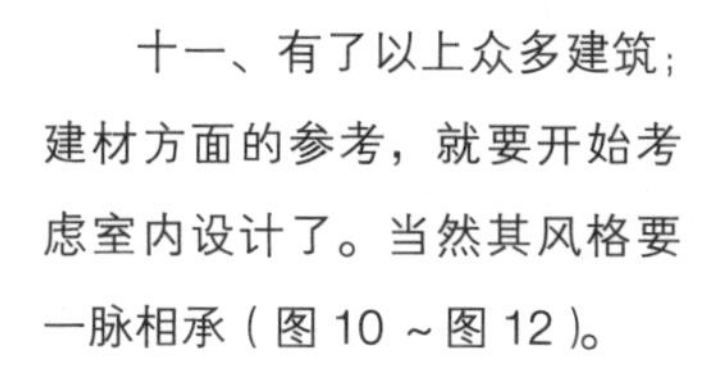

十一、有了以上众多建筑；建材方面的参考，就要开始考虑室内设计了。当然其风格要一脉相承（图 10 ~ 图 12）。

（图 11、图 12）美国朋友兰德大学鲍尔校长家家饰

十二、综上，看了书上这么多图，还有你自己的参考资料，你定会想小试牛刀一把，有选择地开始临摹。我建议大家一模一样地去模仿，才会有的放矢、找到感觉。建筑更是一样，有历史、有风格的经典，比如科林斯柱，比如斗栱，只能模仿，不能创意，因为那是建筑历史，必须传承。

十三、各层平面图都布置好了，东西南北四个建筑立面也都临摹好了，就必须用九宫格纸或比例尺去放样（图 13），有尺寸概念设计就好做多了，接下来得考虑建筑四周的道路、出入口了。

十四、有了建筑，就得相应设计欧式趋向的景观，考虑栽什么树、种什么花了，春夏秋冬都要考虑。此时是该去园艺苗圃了，找园艺工人去打听、去取经，你可以再"懒"一点，带着图纸去，园艺工人会依据四季配置好植被，你只要设计几款景观小品，放几尊雕塑就行了。

十五、建筑外观、园艺、室内装饰都有了第一手资料，就万事俱备只欠东风了。

十六、要与甲方、业主、客户报价，可不是拍脑袋乱报，价格要按国家装饰定额去报，对室内装饰项目进行预算。你就要学预算知识了。待你按国家定额小心地将预算交与甲方、客户、业主时，他肯定会说："这么贵呀？"。这是常理，你极想预算高点，毛利多点，客户恨不能一块钱掰成两块钱用，这就该谈生意了。你要有口才、修养，要有装潢知识，要让人心服口服。钱在别人口袋里，你想把它放于你手上，要有各方面的综合才能和谋略。

十七、最后还有两项，一是签工程合同，要得懂建筑基本法，二是待工程完工验收后清账。

做装饰工程你除了要有毕业证，还得有"建筑工程装饰资质"及"装饰五大员证"，即"项目经理、施工员、材料员、预算员、消防员"。这才叫着持证上岗。

（14）

比例关系有　1：100　1：300
1：200　1：400
1：250　1：500

（13）

切记！我们在画方案设计稿时，一定要有尺寸比例，可用九宫格纸，也可用三角尺及有比例关系的比例尺。你将平面设计好后，按四个立面：东、西、南、北都在九宫格纸上画出，然后电脑操作。

（15）

（16）

“歌德公馆”建筑及景观装饰局部详解：

A. 山花、石雕、石花坛等为石材最好，其次为玻璃钢造型喷真石漆，图案为欧式团花，切莫太中式，不然会不伦不类。装饰的构件，在欧式建筑中叫“建筑套件”，是专为建筑各种墙体转折和檐口等准备的，有各种各样的模具，比如拱顶石，山花、科林斯柱头、人物雕像等。建材市材是要定制的，虽有一些成型套件，都是玻璃钢制成，安装后喷“真石漆”，真石漆有多种颜色选择。当设计这些雕花、装饰物时，要有可购买的地方，不然就得请雕塑人才特制，先雕，然后开模，再浇铸玻璃钢成型安装，喷真石漆，也可找专营欧式建材厂商定制。总之，这些装饰构件一定得有购买处，不然就无法绘制施工图。

B. 柱身为轻钢龙骨造型，干挂火烧板石材并每块倒 45° 斜角，太阳照射下，墙面有凹凸立体感，建筑墙面与四根立柱为美国进口花岗岩石材黄麻、白麻，经过电焊枪表面火焰喷烧处理，成凹凸状。因为花岗岩里有石灰岩及结晶岩，石灰岩脆，而结晶岩硬，经电焊枪火焰一喷，粉状石灰岩被瞬间火焰烧掉了，而结晶岩粒子不易烧毁，所以就产生麻面凹凸状，建筑上常用于外墙处理与大面积地面处理，防滑。再者四根立柱贴面石材，每块都要倒 45° 角，即每块中间有斜面装饰线形，产生阴影，而巧妙地利用阴影处理墙面，能获到意想不到的效果。建筑表面先用铝型材轻钢龙骨找平，而后将石材加工成型后干挂安上处理，并用花岗岩强力胶云胶相粘（图 20）。

（17）

（18）

（19）

（20）

C. 简约式新古典主义“歌德公馆”设计，为小户型别墅单体建筑，现浇框架结构，就像提供的椅子一样，四周墙都可以敞开。在此设计中，南面墙体都处理成为真空镀膜大玻璃开窗，这样客厅、休闲厅、主次卧都采光良好。门头雨棚造型，内为工程板垫底，外贴古铜金色铝塑板饰面。“真空镀膜玻璃”（图 18）此种玻璃 1.5cm 厚，两片一共 3cm 厚玻璃相夹，中空，大小要特别定制，成品后不能随意切割，拟直接安装在铝型材龙骨架上。此种玻璃正面处理上贴有一张浅色膜，膜可换颜色，故在大城市中，有很多不同颜色的大楼、大厦等，镀膜可防大阳紫外线，而且中间空的又阻热隔噪声等。此种玻璃从里可看见外面世界，而从外面是看不见里面乾坤的，但里面灯光一亮，就会一览无余，定要配窗帘。

D. 台阶为花岗岩浅色面材，硬度强，耐磨，花纹不易太花。大门口处飘檐下四根立柱与地面皆为进口大花白石材，石材纹路飘逸洁净。

E. 阳台围栏最好用石材加工，外形与长短比按黄金分割来设计，最好参照欧式建筑而为。

F. 立柱为最好两拼石材，因柱不大，多拼显得粗劣。

G. 圆弧玻璃幕墙是要开模具定制的。先将五厘厚夹板放圆弧玻璃幕墙外形，而后去玻璃店下单定制。切记圆弧玻璃幕墙一定要钢化。其圆弧玻璃幕墙里面的不锈钢护栏也同样用五厘板放样，而去建材市场，不锈钢弯弧制作。请记住，只要造型不规则，则意为制作难度加大，成本提高，但就可不按装饰定额报价。

H. 建筑的后门与前门材质保持一样，有个连贯性，只是飘檐裙边部位改为铝塑板。

I. 左右四窗窗台铁艺用方管及偏铁制作，偏铁图案要讲究，一定用欧式形式。

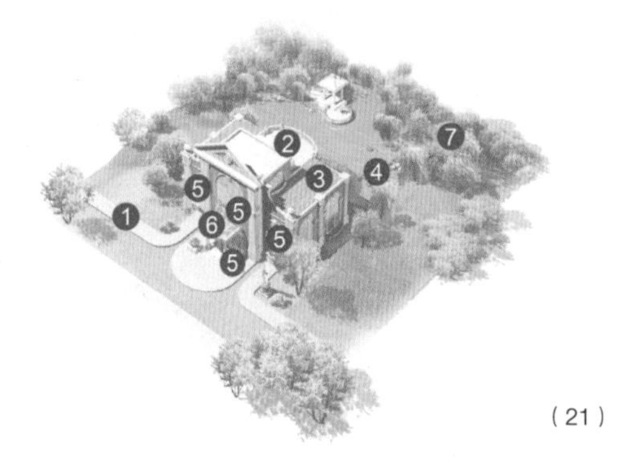

（21）

（22）

J. 大窗下腰墙采用天然片石贴就，颜色与建筑主材同色系，但要色沉一些，凹凸面为佳。

K 园林小景凉亭，水泥现浇造就，喷真石漆，也可火烧凹凸板面饰，装饰图案为卷草纹。水泥凉亭为水泥现浇，不做面贴处理为清水泥饰面，装饰花卉需要开模具，也可购现成玻璃钢成品，但现成制品可能难与你设计相吻合。

1. 别墅道路可用水泥现浇，也可用碎石块铺设，道路沿边用火烧石并倒 45 度叙角收口，可用浪花白花岗岩。

2. 建筑屋顶大露台在现浇楼面上可贴防滑浅色地砖，便于清扫，若是直接为水泥地面，那要做到细水泥收浆处理，以免水泥面上水泥灰永远扫不干净。虽然这是建筑建设方面的问题，但作为设计师要告知甲方、业主这项可省装饰汇用，可降低装修成本。夏天起炕，建议用防腐木条板，即温馨又浪漫，且散热快。

3. 坡瓦为波形瓦，可水泥预制，也可用塑钢，见 80 页建筑材料。瓦为暖色调水泥波形瓦，也可是琉璃钢瓦。瓦的色彩要为环境的补色才为佳。

4. 木栈道为休闲之用，用防腐木或塑钢材料制作，见 92 页园艺材料。

5. 大窗为真空镀膜玻璃，建议浅灰蓝色，见 86 页建筑材料。在建筑物上，种植一点爬墙虎草是个不错的选择，一来给建筑墙面降温，二来有沧桑感。生硬的建筑物为考虑亲切，所栽花草为春夏秋冬常绿形，以免在冬天里建筑立面不好看。

6. 门头雨棚，三角造型为不锈钢方管制做，钢化玻璃罩面，但要做好防水防漏，见 86 页建筑材料。进门飘檐中为棱形透明钢化玻璃，当阳光照射时，有清灰色的影子与大花白花纹产生色彩呼应，有层次感。

7. 乔木、灌木、时花、时草建议用当地土生土长的，一来服水土，二来可据生长情况随时调换，见 93 页园林景观制做。“歌德公馆”建设在南方，雨水充沛，绿树常荫，既然仿天然式景观，就不能太多人为痕迹，所有种植宜自然。选用树种如下：法国梧桐、柳树、樟树、桃树、柚树、杨梅、桔树、红檵木、杜鹃、丁香、女贞。水生植物有：荷花、睡莲、芦苇，还有一些时令花、马蹄金草等。

8. 草坪最好用四季长青草，以免冬季景色不美，见 105 页园林种植。

9. 水岸边为风化石或垒太湖石及灵璧石为好，一来美观，二来容易出效果，但这太湖石及灵璧石为中式庭院常用，见 92 页园林景观。在水塘的泊岸边，有的地方嵌一点太湖石、黄石或是风化石等。尤其后门出门去往水边上，地面可零星铺设厚岩片石。

10. 水塘的制造，非常讲究，不是随便挖个大坑就行，要防漏水，一定要做几遍防渗、防漏处理，切莫省钱而返工造成更大的浪费。在景观处理上仿丘林造势、垒土方、大场地设计制作定位时，可用九宫格形式布局，然后用白石灰放样。景观在放样前做到测绘、朝向，风向等风水科学考虑，从而在九宫格中找到最合适的相应位置。

11. 水生草本植物，在种植时可用大水缸然后藏于水底，待草本植物成长旺盛后再行移出栽于水底，也可就一直用水缸，也便于更换。

在景观的设计中，一定要去苗圃转转，与园艺工人多接触，能学到很多书本上没有的知识。选择适地适宜的乔木、灌木、时花、时草及优美的水生植物。充分考虑春夏秋冬四季间的植物颜色搭配，春见花海、夏适浓荫、秋寻丰果、冬觅茵绿等。塑木栈道可用生态木、塑钢木及防腐木，可用天然色、也可火喷熏色或油漆等。栈桥浪漫悠闲，山地、树林、灌木间背景音乐浸沁缭绕，隐藏的泛光景观灯气氛温馨。

“歌德公馆”建筑后院，为一仿丘林式天然花园，并设一幽静水塘，在景观设计中的水景是一栋建筑物灵动的灵魂，常言道“有水带财”。建筑物有水景，一定会增色不少。水景的水池、水塘等一都带水物体，与建筑的室内卫生间的地面防水一样，防漏是第一位，美观是第二位的。

笔者有过惨痛教训，在一山林宾馆装饰中，建筑方的土建项目完工是包括每层、每个标准间的防水和地漏的，在土建完工验收众多项目当中，第一要看的是每层楼的上下水和防水，即地漏。在笔者装修时，土建方说:“即然要装修就将卫生间的业务给装饰单位。”还以为拿下个大单，没想待所有标准间装修完亮灯清洗卫生间后，85%以上房间渗水，漏到下面一层的墙壁内，有的连房间吊顶阴角处也受潮的，无条件拆、返工、延时…… 更不用谈赚钱了。

本案为获国家鲁班奖建筑住宅，从毛坯到竣工全过程照片赏析。

毛坯进行中，开始建筑细节的建造，此时要参照明细大样图。

开始水泥饰面，此时水泥抹面要注意砂岩装饰细节安装。

细部到位，此时开始墙面涂料的面饰，一遍白底，二遍面涂料。

砂岩装饰细部安装到位，清场，准备景观种植，路灯安装。

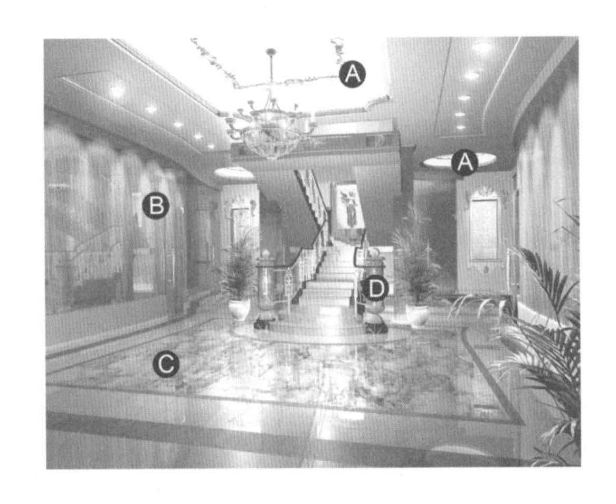

“歌德公馆”室内设计局部详解：

A. 别墅的装饰市场上都可买得到，但在设计前要先考虑好后再动手，不至于设计与制作脱节。入门后吊顶为轻钢龙骨纸面石膏板，吊顶在收口的部位用 1.8 ~ 2cm 厚工程板或中纤板做造型，纸板与纸板之间用纱布封缝隙再刷胶刮瓷，最后面饰乳胶漆。本吊顶为二级吊顶，暗藏暖色灯带，花饰为木雕，其次为石膏，但石膏档次太低。法式木线也可用石膏线，收边贴金箔，吊灯为豪华水晶灯，筒灯为 LED 白炽光源。

B. 圆弧玻璃隔墙与建筑圆弧大玻璃窗一样要钢化，放样要准，不然浪费就不止一点点。右两墙立面上下为工程板内部造型，面饰铝塑板，中间部分为厚工程钢化玻璃，做圆弧造型，需要设计师用 5cm 厚夹板准确放样，玻璃店根据你的放样板在玻璃制造厂里开模具加工完成，从制作模具到从玻璃厂运抵工地，都是非常不易的事情。

室内的罗马柱是大花白石材（石材 -028 大花白 2），是要在建材市场根据圆柱大小在整块石头上切圆抛光的。一个柱子为两拼，即两块加工好的花岗岩半圆相夹成圆柱状，或三至四拼，拼的越多，价钱越便易。柱头柱脚为木质车削加工而成，刮瓷磨光，用不干胶液体刷一二遍再贴金箔。

C. 地面为抛光花岗岩拼花贴面，拼花石材种类不要太多，以免太花哨，石材与石材之间可用五厘铜条镶嵌。地面为进口 800mm × 800mm 荷花绿花岗岩拼花（石材 -040 荷花绿），拼花可用数码三维雕刻，若是设计师想省装修成本那就自已放样，泥工按图裁切（会显粗糙）。镶边为进口西班牙金米黄（石材 -020 金米黄 3）。

D. 上楼处为室内点睛之地，楼梯端头立柱可亮丽点，造型也可丰富点，用钛金镶边及鸡血红花岗岩柱身，扶手要欧式图案。立柱柱头及柱底间为鎏金金箔，中间两拼进口花岗岩（石材 -012 鸡血红 1），柱脚法式边为进口花岗岩（石材 -045 紫罗红）两拼而成，豪华精致。楼台阶为进口花岗岩（石材 -018 金米黄 1）砌成，大气温润。楼扶手为红紫檀，楼栏杆为铸铁铁艺饰白树脂漆及金箔相镶。

1. 吊灯为凡尔赛水晶豪华式。豪华水晶灯有一定的重量，在基建浇铸楼面板时，11 ~ 12cm 左右就要预埋钢筋，以免日后又要用冲击钻，打进膨胀螺丝。此时项目经理要在监理工程时告知建设施工方。

2. 大门拉手可古铜造型定制，也可钛金造型定制。

3. 琉璃凹凸水纹玻璃，背面拷漆装饰龛，上为钛金桶射灯。墙上前后四块龛装饰玻璃为凹凸琉璃清玻，灯光一照，明亮可人。

4. 镶钛金大花纹花岗岩花坛，种植鲜花或插脱水干的真花。

5. 上楼边立柱为玻璃背面烤漆饰面。室内软装装饰物，欧式或现当代的金属构件均可，切莫用中式装饰物而不伦不类。

6. 室内植物，常用喜阴草本或小矮灌木，要有轻香，常绿型。此为散尾葵。

7. 小边门拉手古铜镶大花绿石材形为佳。

特别提醒读者，不管何种板材、石材、油漆、涂料等，都含有甲醛及放射性化学元素，板材及涂料的甲醛时间长了易挥发，但天然的石材之化学放射元素就不易挥发了，建议购买环保玻化抛光砖产品。

当今的现代墙地抛光砖，已可仿任何天然石材花纹。

人造花纹复合地板，一般用于公共空间里，毕竟不是天然木材，是中纤板贴木纹纸经高压而成，总是会有化学成分。对人身体长时间接触总是不好，它既不耐水，更不耐磨，只是成本低廉。

“会呼吸的有氧壁材——硅藻精土涂料”。当今，室内装饰设计，在墙面的处理上，一般为乳胶漆或是墙纸、墙布，再是铝塑板、背喷油漆玻璃等，都有利有弊。硅藻精土涂料是一种湖泊硅藻矿物经科学提炼精制而成，为一种新型涂料，尤其在大型公共空间中使用。具有孔隙度高、吸附性强、隔声、隔热、耐酸等。它有很多模板，在墙面施工时可任意搭配。

各种式样的复合地毯、地塑，也都是化学材料经加工而成，绝对不得铺于卧室，一般也像复合地板，铺于公共场合。

室内设计师的素质

室内设计的相关专业知识之积累

室内设计师的个人审美能力培养

室内设计的情感表达与材料实施

良好个人性格与健全的合作态度

意识形态
室内设计与前期准备

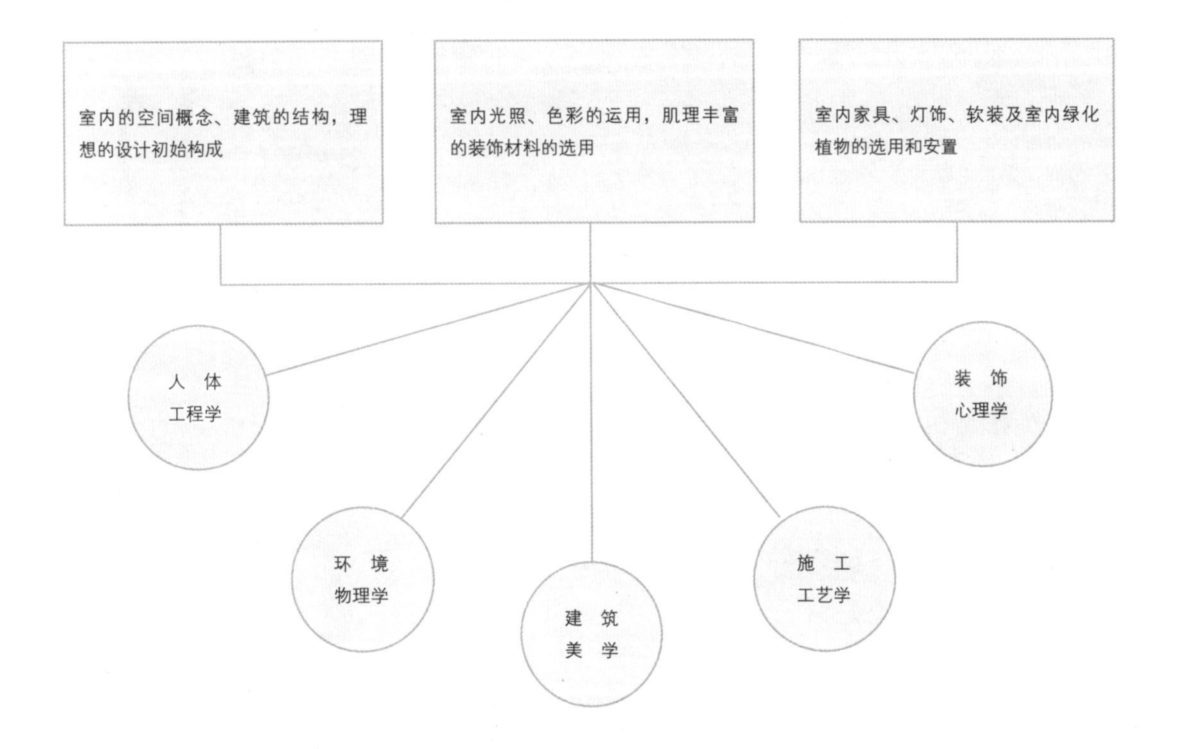

室内设计的程序分四个阶段

设计的准备阶段：公开招投标、与业主商榷、考察建材市场

方案的设计阶段：空间布局、六个面的设计、意向图的建模

施工图设计阶段：业主确立后的意向效果图之施工图纸绘制

工程的实施阶段：工程的施工组织建立、建材工人进场施工

室内设计效果图

室内设计效果图

设计心路、土地规划、方案构思、整体宣传、策划推广成立后：

（A）1. 夜以继日地平面图、三维图、施工图、大样图、电子浏览的渲染与绘制；2. 建筑沙盘展示、楼盘竣工后的楼书策划、报纸广告、杂志平面广告设计；3. 新闻发布会宣传；4. 电视广告播放及音频广播不停地为该楼盘造势等。

（B）1. 为楼盘设计售楼中心或售楼部，售楼部若为短暂开盘使用，就可设计得简洁大方，以便日后功能完成后好拆除，也便于节省建筑成本；2. 若售楼部设计为长久使用，那就将售楼部建筑设计风格与整个建筑楼盘设计风格相呼应，做到有品位、上档次、人性化。售楼部功能完成后可直接用于会所及相关商务之用。

中国（大涌）红木文化博览城建筑模型沙盘赏析

了解何谓建筑销售开盘、建筑模型沙盘、建筑室内外及景观风格创意

了解从设计到施工之间的具体问题和如何参与建筑室内外装饰竞标

了解施工期间的具体安全问题、运输问题和如何购置及仓储装饰材料等

了解吊顶下的管线处理，了解什么是吊顶的轻钢龙骨材料

了解从设计到施工的注意步骤、事项；吊顶的纸面石膏板如何饰面，如何用五厘板、中纤板收口、纱布封缝及刮瓷乳胶漆等

第二章　数码乾坤　实战详解

1. 何谓多媒体技术
2. AUTOCAD 简介入门
3. 3DSMAX 简介入门
4. PHOTOSHOP 简介入门
5. 彩色平面图绘制
6. PHOTOSHOP、AUTOCAD、3DSMAX 各种效果图展示

❶ 何谓多媒体技术

多媒体一词（Multimedia）产生于20世纪80年代初。Media即为媒体，就是把各种声音、图像、图形、动画、文字、数据、文件等各种媒介载体组合在一起，综合完整的视觉、听觉，音频和视频数字文件。我们今天的多媒体科技，已实现了惊天动地、无法比拟的虚拟现实梦想，物质文明与精神文明已进入了一个多媒体崭新时代。它无所不在地在于有线和无线网络中，正在创造着更加灿烂的明天。

多媒体是一门综合性技术，主要为以下五种：

1. 感觉媒体（Perception）：用于人的感官，能直接感觉的一类媒体。如声音、图像、文字、气味以及物体的质地、形状、温度等。

2. 表示媒体（Presentation）：能更有效地加工、处理和传输感觉，例如语言编码、静态和活动图像编码以及文本编码等。

3. 显示媒体（Display）：用于通信的电子信号之间转换的一类媒体，有输入显示媒体（如键盘、摄像机、话筒、扫描仪等）和输出显示媒体（如显示器、发光二极管、打印机等）。

4. 存储媒体（Storage）：用于存放数字化数据的存储器，如磁盘、光盘、U盘、手机及半导体存储器等。

5. 传输媒体（Transmission）：从一处传到另一处的物理传输介质，如同轴电缆、双绞线、光纤及其他通信信道等。

多媒体技术就是计算机交互式综合处理多种媒体信息，将文本、图形、图像和声音、软、硬件、智能和模式识别、通信和网络等多种信息建立逻辑连接，集成为一个系统并具有交互性之同步处理的功能，是以计算机为中心，把多种媒体处理集成在一起的高科技技术。

众所周知，人类具有五大感官：视、听、嗅、味与触觉。其前三者占总信息量的95%以上。随着多媒体技术的不断发展，伴随着娱乐、网络、手机智能等多媒体技术多方面兴起，多媒体在娱乐中的应用不仅包括三维游戏，还加入了欣赏音乐CD、观看视频VCD、制作、聆听计算机数字音乐MIDI，以及播放数字视频DVD等内容。

如今教育培训的多媒体技术教学，已使教材和学习方法发生翻天覆地的变化，有些教育已彻底告别了板书。多媒体技术可用声、图、文并茂的电子书籍取代部分现时的文字教材。

1. 多媒体技术办公系统一体化。使信息管理，对各种文件、档案、报表、数据、图形、音像资料等，进行深加工、整理、存储，形成可共享的信息资源，以真正实现办公自动化。

2. 多媒体技术在工业领域和科学计算中的自动化控制，如信息的采集、监视、存储、传输以及综合分析处理、管理，做到信息处理综合化、智能化，从而提高工业生产和管理的自动化水平，更进一步解决了劳动力问题。

3. 多媒体技术在医疗中，利用先进的医疗诊断设备对医疗影像进行数字化三维可视化操作，观察和达到遥感远程手术等。

4. 多媒体技术在各种咨询服务和广告宣传系统中，在公共服务场所里，利用多媒体技术为大众提供某些服务。如旅游点的导游系统、大型商场的导购系统、车站、机场、宾馆的无人问讯系统、金融信息的咨询服务触摸系统等等。

5. 电子出版物DVD数据光盘，具有存储信息量大、使用收藏方便、体集小、数据不易丢失等优点。它将在某些领域取代传统的纸质出版物，如字典、辞典、百科全书、年鉴、大型画册等，成为图文并茂的电子数据库。

6. 多媒体技术在用于军事、消防、武警及反恐方面，使影像呈现，锁定目标，将是威力无穷。

通过以上了解到，多媒体技术无处不在，每天“低头族”的手机屏幕影像，就是多媒体技术，这一小小乾坤的信息处理为高科技集大成。故应用多媒体技术，需要有一系列相关技术的支持，也就是个人软件使用操作的能力，也是未来多媒体技术发展的强劲趋势。

本著中着重讲讲虚拟现实多媒体绘图技术：

虚拟现实（Virtual Reality）是多媒体技术的最高境界，也是当今计算机科学中最激动人心的课题，更是本著从设计基础、思维启迪到终极表现的工作、设计和授课内容。

虚拟现实是计算机软件、硬件、传感、人工智能及心理学等技术的综合体。它通过计算机生成一个虚拟的现实世界，比如本著中完全凭空创建一栋新古典主义的欧式“歌德公馆”建筑单体别墅。今天我们学3D虚拟现实设计技术，是为了更好地创建环境构筑物，使我们的家园更加美好。

在我们将学习建模前，一定要认真选购好多媒体设备。如多媒体设备的运算速度、显卡的色泽、存储的兆数、输入、输出的软硬件等不尽人意时，差一个环节都会使设计工作举步维艰。切莫配置设备时，图一时便易而忘了所需的技术参数，不然作图渲染时会慢得出奇，高版本软件程序装不上系统，或者是打不开高版本文件等等。（在此就不对设备系统推荐，因为数字产品日新月异）。我们创建建筑物时，建筑材质颜色显示不对而影响与业主沟通或根本是影响了你的工程投标。在购机时要注意与熟悉电脑软件、硬件的商家客服员做好技术沟通，表明配置设备的用途及关键性。有经济能力的，最好同时配置输入、输出设备。如高分辨性能数码照相机、摄像机、高精性能彩色扫描仪、高性能彩喷打印机、大兆数存储设备等。不然设计得再好，想立即看到从虚拟的制作完成到打印成品在手那一刻成功的喜悦办不到的。

存储设备：

多媒体的信息量成数字化后，存储量超大，由于这些多媒体的信息文件，要占用大量的存储空间，就需要N个G的大存储设备才行。光盘存储技术是20世纪70年代发展起来的一项高新科技。近年来，高密度、大容量、小体积、多品种、快速存储的设备应运而生，当然还有很多的移动便携小U盘。

通常意义上所说的存储器，就是光盘和大兆数存储器，只是一个统称，用英文CD（Compact Disc）表示，意为高密盘。光盘可分成两类，一类是只读型光盘，其中包括（CD-Audio音频）、（CD-Video视频）、（CD-ROM）、（DVD-Audio音频）、（DVD-Video视频）、（DVD-ROM一类是可记录型光盘，它包括（CD-R、CD-RW、DVD-R、DVD+R、DVD+RW、DVD-RAM）等各种类型。它们都统称为光盘。在我们建筑建模完成后的后期制作时就要用上，投标中是要提供文件光盘的。

存储占最大空间的是像素图和矢量图，矢量图（Vector Graphic）主要是把图形当作矢量来处理。矢量图中的图形元素为实体，矢量图通常采用特别的绘图软件才能生成，如AUTOCAD、Adobe Illustrator、Freehand、COREIDRAW以及三维造型软件3DSMAX、Maya等。

除要求大容量兆数的矢量图外，就是静止的图像压缩标准JPEG格式了。

“Joint Photographera Experts Group”是JPEG一个图像压缩标准。该标准制定了有损压缩的编码方案。既用于灰度图像，又用于彩色图像、图像传真、图像文档管理等。

运动图像压缩 MPEG，“Motion Picture Experts Group”是运动图像的英文缩写。MPEG 的始于 1988 年。JPEG 和 MPEG 都是彩色文件格式，JPEG 的目标集中于静止图像压缩，而 MPEG 的目标是针对运动图像的数据压缩，静止图像与运动图像有密切关系。

综上，我们在做环艺建筑效果图时，存图多半是 JPEG 压缩格式，对生成后的图像是有一定质量影响的。众所周知，压缩意味着要删掉或自然损失点像素，比不压缩的图，如 TIF 和 TGA 格式等，TIF 和 TGA 要比 JPEG 沉稳得多，因为灰色中间层次多了许多。所以工程投标用 TIF 或 TGA 不压缩格式为最好。但是要注意若图不压缩时，就意味着数字化图档很大很大，要求设备也就更高，不然就是打开一张图都要很长的时间。

MPEG 是做视频的软件，存储格式是影视格式，如 MPEG 或 AVI 运动型文件格式等。投标做建筑电子虚拟沙盘浏览时才用得上。都得要 DVD 存储光盘、大兆数 U 盘和大台式存储器等。

输出设备：

彩色喷墨打印机是计算机系统的重要输出设备。1979 年研制出世界上第一台激光打印机。计算机里，图像上每一个点的色彩都需要用若干二进制位，表示的 RGB（红 / 绿 / 蓝）信息存储起来。屏幕上的 RGB 颜色并不能直接打印出来，这是因为发光设备（例如计算机显示器）是通过一个使用红、绿、蓝三原色的附加过程产生色彩的，而色彩显示过程则是把各种波长的色彩以不同的比例叠加起来，进而产生各种不同的颜色。

彩色激光打印机原理与黑白激光打印机原理相似。黑白激光打印机使用黑色墨粉来印刷，彩色激光打印机是用青、品红、黄、黑 4 种墨粉各自来印刷一次，依靠颜色混色就形成了丰富的色彩。正是因为彩色激光打印机有一个重复 4 次的步骤，所以彩色打印的速度明显慢于黑白打印。

彩色喷墨打印机的作用，是将计算机产生的彩色图像或来自扫描仪的彩色图像高质量地打印出来。计算机用 RGB 模式显示的页面必须用 CMYK 模式来打印时，这就需要把色彩从 RGB 模式转换到 CMYK 模式。喷墨打印机上的每一个喷嘴都是一进制的，就是说，它只能够被打开或关闭。除了从 RGB 模式到 CMYK 模式的图像转换以外，图像信息还必须进一步转换成送到打印头的一系列开 / 关命令上。彩色墨盒由几种纯净单一颜色组成，常见的三色墨盒打印机通常就是采用性质比较稳定的青色、品红色、黄色来混合不同的颜色。而四色打印机通常加上一种黑色，用于纯黑色的打印。即为 CMYK（因为 RGP 是光束，而 CMYK 是喷墨颜料水）模式打印。随着技术的发展，出现了六色墨盒，就是在原有的四色（CMYK）基础上再加上浅蓝绿色和浅红紫色，层次就更丰富了。所以说 JPEG 格式压缩了文件中介，中间层次微妙的灰度没了，效果图就不如不压缩格式 TGA 或 TIF 格式漂亮和精细了。

我们学习创建虚拟世界，要对以下方面仔细学习：

1. 多媒体计算机系统
2. 多媒体光盘存储系统
3. 多媒体音频信息处理系统
4. 数字图像处理系统
5. 计算机图形学与图形处理技术系统
6. 多媒体视频信息处理系统
7. 计算机动画系统
8. 数据压缩编码技术与 JPEG 标准系统
9. 运动图像压缩标准 MPEG 系统
10. 多媒体辅助设备系统
11. 多媒体通信与网络技术系统
12. 多媒体技术电子出版物系统等

知道它们的优劣与交互方式和存储兼容情况，这样才能更有效地设计和后期制作。不需要全部精通，但知其然还要知其所以然，在竞争白热化的当下，你将比竞争对手强出一点，其决胜也就高人一筹。

在我们下一章节就要真正开始学习前，必须拥有以下设备，方能更好地完成学习与自学工作。

自学多媒体设备技术硬件、软件如下：

1. 高精照相机一台（必备）

不少于 1000 万像素，最好带摄影功能，用于拍用地现场，届时可将设计建筑物融入，有还原现场真实感，再是拍建筑材质的素材，JPEG 格式便于贴图专用，场地拍片用 TIF 高分辨率格式，用于后期广告和建筑融入。而摄影功能，可拍环境，用于后期制作 MPEG 和 AVI 影视宣传片，为动态素材格式，做投标与电子沙盘浏览用。

2. 高精摄影机一台（选备）

建筑、室内装饰及景观建模后，设计成动画文件，为达到虚拟真实性，要用专业摄影机，去拍一些生活、景物和人物动态场景，与动画文件一道及非线性编辑，制作电子沙盘浏览与广告片的宣传制作，投标时非常重要。

3. A3 幅面大小高精扫描仪一台（必备）

扫描一些专用素材和高清图片，用于广告设计时，要退网纹并存 TIF 文件格式，只作图片存档时，JPEG 格式就可。

4. 高配置，大内存台式计算机一台，最好配工作站（选备）。

用于建筑方案的建模、电子浏览生成、房地产报纸广告和路牌广告设计；几个 G 的图形及动画文件在制作过程中是耗时耗力的。配置低的电脑很难完成大单业务。

5. 高配置大屏便携式手提电脑一台（必备）

手提电脑与台式电脑一样，只是便于外出与客户交谈时用，或是投标时必带，故屏小设计起来吃力，再者与同时几个业主看方案时会挤头，为免寒碜。但最大一点散热慢，速度逊色于台式。

6. IPAD 掌上看图宝一台（必备）

便于与客户业主商谈，看建筑效果图及电子沙盘浏览时方便，自己设计方案时也方便，等于有了无限张电子用的“白纸”。

7. 高清投影仪一台（必备）

不能少于 4000 流明投影仪一台，做环境艺术设计，都是大单业务，总是要投标，而往往发标单位不配投影仪。就是有，未必一定好，清晰度不高，流明不亮，从而影响你建筑方案展示效果。

8. 保真迷你音箱一套（必备）

当然还是投标时专用，方案好、动画音质好、自己投标胜算就大很多。

9. 投影幕架（选备）

投影幕架是为了外出投标在无条件工棚或施工现场方案讲解时用。影幕长宽不少于 1200mm。

10. 电源长线插板 2 ~ 3 个（必备）

便于外出时工地工棚或施工现场应急用。

11. 大兆数台式储存器二套（必备）

建筑方案、室内装饰方案、景观施工图方案，方案草图、中标方案扩初、施工图、各工种图（建筑结构、电路、暖通、给排水、消防以及施工大样等）。各项目部门图纸多如繁星，若不多备份一份，最好的方法就是同时储存两套文件备用。

12. DVD 高精电子光盘（必备）

在做设计时，总有甲方业主要文件存档，你肯定要呈送，故将数字文档存盘交于甲方业主。自己有些资料也可备份，不要有用无用都往大兆数台式储存器中装，从而影响重要文件的安全。

13. 迷你 U 盘（必备）

小 U 盘实在太管用，应该和车、房锁挂在一起，随时可用，方便随时见到好的图档存留，或去打印店出图携带方便，也随时可与意向客户商谈看业绩时临时调图用。

以上是多媒体硬件，下面是相应的软件介绍：

1. AUTOCAD（必备）

用于建筑图、施工图的标准尺寸的输入，平、立、剖面的设计与施工图的绘制。

2. 3DSMAX（必备）

用于建筑、室内装饰及景观设计时建模，以及建模后的建模电子沙盘浏览。

3. PHOTOSHOP（必备）

用于建筑、室内装饰及景观设计后的后期处理，也用于广告设计、文本制作和修图等。

4. CORELDRAW（必备）

多用于室内平面布置图的着色使用，也可用PHOTOSHOP来着色，问题是CORELDRAW是矢量图，而PHOTOSHOP是像素图，图像一小或过大都出现马赛克现象并且容易模糊。

5. SKETCHUP（必备）

为草图大师软件，是矢量化的，只用作于绘制大效果，色彩为平涂且为线性，无法细腻。

6. INDESIGN（必备）

此软件为排版软件，出书、出文案专用。一般为专业排版员操作，这已不是建筑设计类范畴，是另一视传达专业必修课，环艺专业不修，当然还有另一软件Illustrator，也是专业书籍排版软件，总之二选一。

7. 会声会影（必备）

此软件用于视频，是另一动画专业必修课。用来做广告宣传片，只有投标时才用，平时作为影视编辑或公司旅游及家人踏青后而做微电影。

所谓技不压身，以上为多媒体硬件、软件所必须配备一览，当然还有很多其他艺术方面便于制作的硬件、软件，且可设计出千变万化的艺术效果，只要存储文件格式一样，就可兼容，还可设计出另一种意想不到的效果，若以上硬件、软件都会操作的话，你就是高手。

下面，就让我们对着视频，看着书中重点提纲，成就你成才之路吧。

在前述里，通过对发散思维含意的理解，应有了对每件设计作品境界的剖析，自己再通过对平面、立体、色彩三大构成的意识形态复习，就有了小试牛刀的冲动。最后通过虚拟设计师自身的发散思维启迪，知道了优秀设计作品是如何创作成功的心路。

纵观建筑、景观、室内外装饰设计，都有本领域里常用和兼容的设备与软件，设计师的喜好各有不同，但最终的目的都是一样，即如何呈现出更令人耳目一新的环境艺术设计效果。

在环境艺术设计领域里，常用软件是：天正、AUTOCAD、3DSMAX、LIGHTSCAPE 及后期效果处理软件 PHOTOSHOP、CORELDRAW 等。在设计时我们可互相渗用，常用的命令键是有限的，只要你融会贯通而举一反三，软件的学习就非常容易，并不要求每一软件中数百个命令及子命令你都要懂，也没必要，而且软件版本升级太快，只要精通便于你常用的命令键就行。

下面就让我们利用多媒体技术辅助设计进入创造虚拟世界的历程吧。

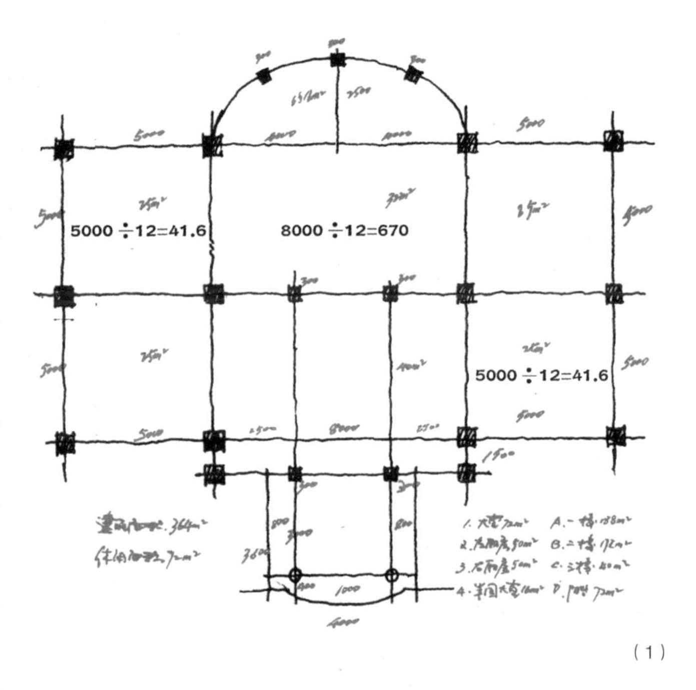

（1）

❷　AUTOCAD 简介入门

AUTOCAD 软件是我们对所绘物体作精细标注用的软件，我们在制作任何一件物体时，它都有自己的尺寸，而不能随意画，往往初学者又极不习惯标注尺寸，以至于画的东西大小失去比例。我们先粗略地了解一下软件 AUTOCAD。建议初学者紧跟书中的步骤和视频教学中的演示，反复揣摩，跟着往复的视频做练习，定会有收获。

下面我们进入 AUTOCAD 界面里去操作，按演示步骤一步步地循序渐进、慢慢适应，暂不管 AUTOCAD 里那太多弄不懂也数不清的子命令。

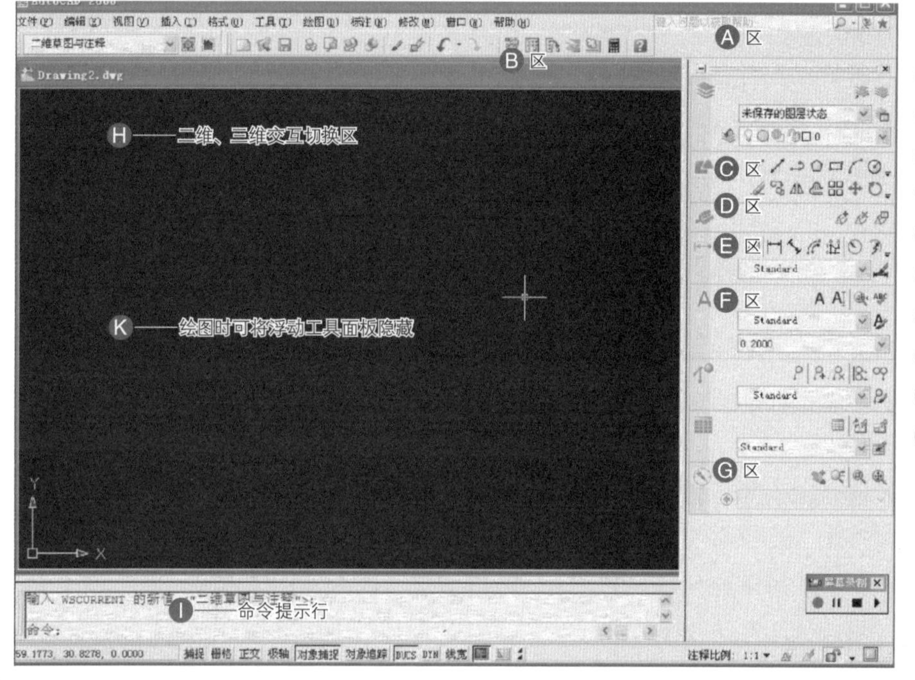

AUTOCAD 08 版

A——菜单栏总括
B——标准工具栏
C——绘图工具栏
D——修改工具栏
E——标注工具栏
F——文本工具栏
G——图像缩放栏
H——二三维切换
I——命令提示行
K——绘图显示区

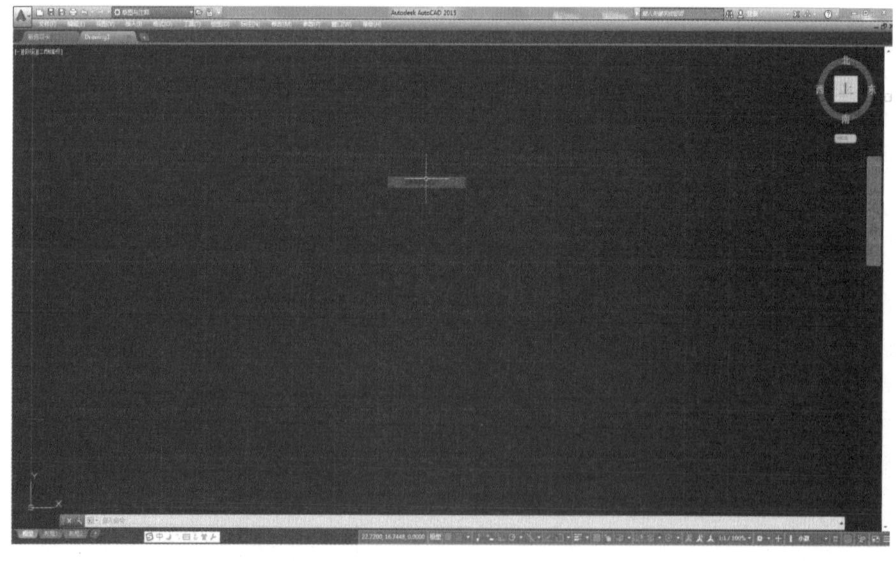

AUTOCAD 15 版

AUTOCAD 15版界面工具都隐藏在上拉菜单里，每次对子命令操作就要找，但版本高一点，工作界面更大点，对硬件设备也就要求更高点，对于操作 CAD 的熟练人员来说无碍，但不直观。15 版比 08 版操作系统没变，只是在操作界面上有所调整，有些功能更优化一点。

根据平面图我们将柱网绘出，并进一步将平面布置画完。建筑装饰设计，标注尺寸都是中距对中距的，即每根柱与柱中间画线丈量的。此栋单体建筑，最大跨度为 8000mm（注：建筑及建筑装饰以及平、立、剖施工图都是以 mm 为计算单位），小跨度为 5000mm。故公式即为 8000 ÷ 12 和 5000 ÷ 12 得出大柱柱基平面为 600mm、小柱柱基平面为 400mm，如左图（1）小黑块柱网。

A–AUTOCAD 实战操作演示见视频

A-001.（2 分钟）CAD 功能简介

A-002.（6 分钟）CAD 简介入门

A-003.（9 分钟）建筑柱网横线的确立

A-004.（20 分钟）建筑柱网竖线的确立

柱基（柱子）分布到位

特别提醒：

AUTOCAD 是线性矢量文件的软件，是一切凡需精确尺寸概念的必行软件，在对于初学者来说，尤为注意以下几点：

1. 绘图工具在上拉菜单栏总括与浮动工具栏里都可找到；
2. CAD 最重要的要记住“正交”及“对象捕捉”以及 F8 的灵活使用；
3. 回车键是根据需要，按一次或两次；
4. 图纸大小是靠鼠标右键中的“范围缩放”来调节的；
5. 鼠标内的左、右键要灵活切换；
6. 在“拉伸”命令键使用时，一定要选取线段的顶端，不然拉伸不了；
7. 鼠标上的滑轮滑动时可将屏幕图纸放大或缩小。

❸ 3DSMAX 简介入门

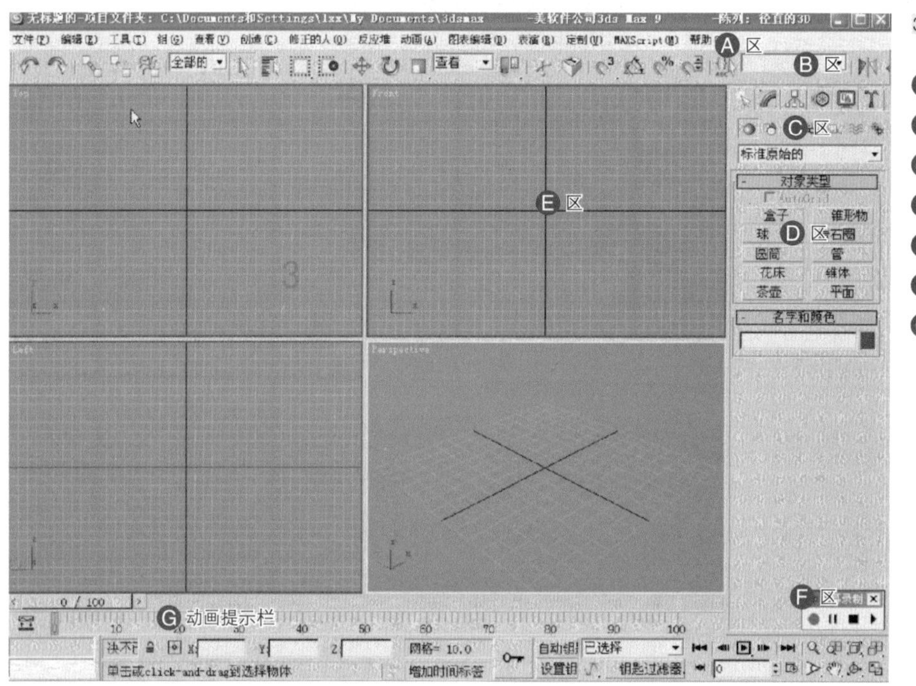

3DSMAX 09 版

A——菜单栏总括
B——标准工具栏
C——绘图工具栏
D——命令工具栏
E——视图工作区
F——图像缩放栏
G——动画提示栏

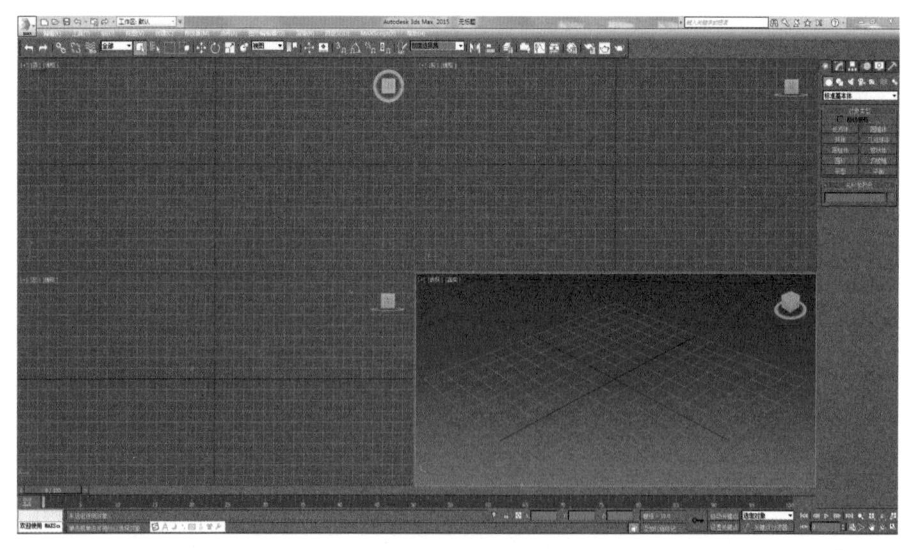

3DSMAX 15 版

3DSMAX08 版界面工具都在桌面上，对于初学者来说容易找、易使用，对电脑要求不高，我们今用 08 版讲解。

3DSMAX15 版界面工具都隐藏在上拉菜单、左拉菜单与下拉菜单里，对硬件设备要求更高，操作一样，但每个视图方块右上角上多出一个圆形命令键，它可随时看三维物体，要记得点上面文字可任意返回。

通过AUTOCAD严谨的学习，仿佛捆住了大家的手脚，施展不开，是因为AUTOCAD不像3DSMAX那样，有三维空间任你驰骋，更不像PHOTOSHOP那样，可以五彩斑斓，学习AUTOCAD是要静心与极认真的。接下来在3DSMAX的学习中，就让我们放飞想象，在这绚丽的虚拟世界里，在这无限的遐想中展翅飞翔。

3DSMAX是一款功能性强大而又兼容性极好的软件，使用者广泛而普遍。它常用于建筑、工业、影视、动漫等领域里。在此，本书只在建筑设计、环境设计与室内装饰设计方面教授，所以可以认为，这一强大的软件只有便利于你建筑设计及室内设计方面功能的程序与命令键才用得上，上百甚至几百的子命令键，你无需知晓，只要熟练于常用的命令键，对于你从事某项设计来说，可更快、更好、更便捷就行。

3DSMAX一点都不难学，待你跟随屏幕学完本栋单体建筑后，一定会有同感。初学者对于建模总是很随意，所做物品大小很难把握，没有尺寸感，墙体多厚、砖块多大、板材多宽、型材多长，总是一知半解，所以往往绘出的效果图就像积木一样，而且无从修改，因为没有尺寸概念，就像瞎子摸象一样，左右不是。故初学者一定要有尺寸概念，对任何物品都要有乾坤左右、大小方圆的领悟。

下面一起进入本书的实战虚拟空间创意学习。

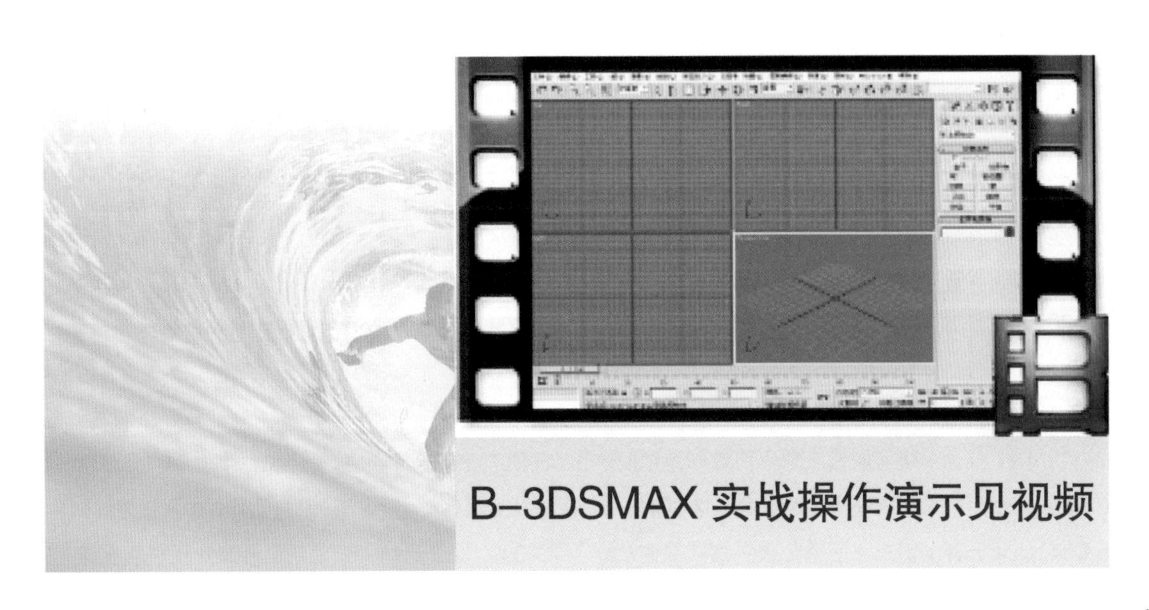

B-001.（1 分钟）3DSMAX 简介入门
B-002.（3 分钟）CAD.dwg 柱基导入 3Dsmax 程序
B-003.（2 分钟）柱基（柱子）三维建模拔起
B-004.（1 分钟）主墙面二维到三维的建模
B-005.（12 分钟）建筑立面二维线临摹绘制
B-006.（5 分钟）（临摹建筑）二维线段剪与连
B-007.（4 分钟）主墙面二维到三维的建模
B-008.（5 分钟）如何绘制窗框（窗套）截面
B-009.（14 分钟）如何绘制窗玻及铝合金框
B-010.（6 分钟）铝合金窗框绘制及附材质
B-011.（7 分钟）次墙面制作及曲线的调整
B-012.（23 分钟）门头制作
B-013.（4 分钟）门头与主墙合并技巧
B-014.（15 分钟）左立面墙及法式窗套绘制
B-015.（11 分钟）左面窗前小花台制作
B-016.（17 分钟）墙线角法式边及卷闸门制作
B-017.（14 分钟）飘檐制作及牌头放样
B-018.（9 分钟）牌头细部制作
B-019.（11 分钟）牌头飘檐放样
B-020.（22 分钟）如何绘制圆柱及圆弧台阶
B-021.（5 分钟）如何绘制二维罗马柱头截面
B-022.（18 分钟）如何绘制罗马柱头与花坛
B-023.（19 分钟）如何绘制玻璃门及门拉手
B-024.（28 分钟）二维绘墙体立柱及柱头柱脚
B-025.（8 分钟）墙体立柱之柱头柱脚放样
B-026.（9 分钟）如何绘制立柱上装饰砖
B-027.（24 分钟）立柱安置及柱头上奖杯制作
B-028.（18 分钟）小装饰边柱修整
B-029.（24 分钟）调整花台车库门玻璃雨棚制作
B-030.（16 分钟）墙角细部整体对称南立面完成
B-031.（17 分钟）CAD 二维导入 3D 制作 2-3 层楼面
B-032.（17 分钟）楼面制作及东立面墙创意绘制
B-033.（29 分钟）东立面墙窗套放样及窗框制作
B-034.（24 分钟）侧东立面窗花台及细部制作
B-035.（15 分钟）东立面法式线及装饰拱顶石
B-036.（10 分钟）如何绘制波形瓦截面及完成
B-037.（15 分钟）三楼梁及细部绘制
B-038.（7 分钟）牌楼支撑细部设计绘制
B-039.（38 分钟）露台玻璃造型门制作
B-040.（5 分钟）露台女儿墙玻璃造型门线角
B-041.（13 分钟）三楼侧东立面墙及窗绘制
B-042.（15 分钟）如何绘制露天大阳台围墙护栏
B-043.（15 分钟）如何绘制大阳台护栏墩子
B-044.（13 分钟）大阳台墩子细部绘制
B-045.（12 分钟）阳台护栏罗马柱葫芦制作安置
B-046.（30 分钟）三楼北立面窗棂制作
B-047.（5 分钟）楼顶花台与左右窗制作完成
B-048.（16 分钟）北立面大弧玻及罗马柱制作
B-049.（9 分钟）大弧玻璃及罗马柱调整
B-050.（6 分钟）北立面大弧玻下腰墙绘制
B-051.（55 分钟）如何绘制北立面墙、窗、小门
B-052.（26 分钟）北立面玻璃顶棚小门设计
B-053.（19 分钟）北立面玻璃顶棚小门细部完成
B-054.（11 分钟）安置大弧玻璃顶法式线角腰线
B-055.（26 分钟）二楼不锈钢护栏制作及调整
B-056.（16 分钟）北左墙窗及三楼左墙窗绘制
B-057.（27 分钟）南（正）立面右窗小阳台设计
B-058.（1 分钟）墙牌楼石头花及科林斯柱头装饰
B-059.（39 分钟）从图片中参考制作科林斯柱头
B-060.（28 分钟）石头花（科林斯柱柱头）创建
B-061.（2 分钟）科林斯柱头调整着手墙头石花
B-062.（16 分钟）墙头牌楼盘石头花的创建
B-063.（5 分钟）使用合并键安装墙盘花进建筑
B-064.（9 分钟）用合并键安科林斯柱头进建筑
B-065.（18 分钟）建筑景观二维线放样平面创意
B-066.（38 分钟）从 JPG 图中临摹并绘制雕塑台
B-067.（32 分钟）从身边物体中发散思维创意
B-068.（54 分钟）亭：从身边物体中发散思维创意
B-069.（38 分钟）景观钓鱼台及木栈桥和车道

B-070.（15 分钟）景观山坡的创意绘制
B-071.（5 分钟）景观与建筑合并安置
B-072.（36 分钟）景观亭与山坡和建筑协调完成
B-073.（33 分钟）给建筑上材质贴图开始
B-074.（19 分钟）文字与主大门立柱及花坛贴图
B-075.（23 分钟）罗马柱和台阶与镀膜玻璃贴图
B-076.（25 分钟）别墅东立面墙和窗玻贴图完善
B-077.（22 分钟）三楼墙和大弧圆玻及腰墙贴图
B-078.（12 分钟）山坡桥水塘贴图完成建筑合并
B-079.（20 分钟）如何安置太阳光及环境光、如何大分辨率渲染与出图文件格式
B-080.（20 分钟）如何安置摄像机的正确高度、如何安置自然环境下的天空
B-081.（5 分钟）如何渲染建筑上的局部特写
B-082.（29 分钟）如何渲染黄昏建筑上反光夜景
B-083.（7 分钟）渲染玻璃门、亭、桥、阳台葫芦
B-084.（8 分钟）设立建筑五个立面及亭、木栈桥
B-085.（8 分钟）如何以 3DSMAX.max 文件输出至 AUTOCAD.dwg 文件用以画施工图
B-086.（9 分钟）如何将照相机机位导入室内开始室内设计绘制
B-087.（41 分钟）如何设计室内墙及玻璃墙隔断
B-088.（24 分钟）如何使用布尔运用切出门位
B-089.（5 分钟）室内照相机机位及细部裁切调整
B-090.（30 分钟）室内台阶开间设计
B-091.（30 分钟）室内台阶圆弧形设计绘制
B-092.（29 分钟）如何创建室内吊顶
B-093.（24 分钟）吊顶法式线角收口及顶自发光
B-094.（14 分钟）吊顶完及二级吊顶内灯槽细部
B-095.（57 分钟）二级吊顶内灯槽木线放样及筒灯绘制和楼道制作
B-096.（19 分钟）依据资料发散思维做楼梯柱头
B-097.（12 分钟）扶手柱头曲面异形放样细部
B-098.（34 分钟）扶栏铁艺造型及扶手异形放样
B-099.（14 分钟）扶手完善及地面、欧式建模资料介绍
B-100.（44 分钟）欧式建筑室内装饰设计创意过程
B-101.（31 分钟）欧式灯具造型设计过程讲解
B-102.（27 分钟）依据欧式资料设计家具造型创意过程
B-103.（3 分钟）将欧式吊灯与欧式案几放于同一场景中
B-104.（24 分钟）创建竖直窗帘与豪华门拉手
B-105.（14 分钟）调用欧式建模光盘和数字资料创建建筑壁龛
B-106.（7 分钟）如何给室内物件上色
B-107.（7 分钟）给壁龛凹凸琉璃玻以及吊顶上色
B-108.（18 分钟）如何给大堂地面神龛扶手及扶手柱头上材质贴图
B-109.（21 分钟）如何给室内打射灯及如何将另外图里灯光调入室内
B-110.（34 分钟）如何从室内朝外看及从 MAX 室内图导出 CAD 中
B-111.（2 分钟）将 3DSMAX 图转换为 AUTOCAD 图作施工图绘制步骤

特别提醒：
3DSMAX 是强大的建模软件，是一切三维立体虚拟构筑物成立的根本，所以说任何细小的东西都要建模，哪怕是一根针。
在 3DSMAX 的学习中，最主要是鼠标的使用，尤其是鼠标的左键、右键。它的众多功能就藏于此。如“转换为 \ 转换为可编辑样条线”，以及右边 D 区工具栏的一小排红色小点和小折线它们非常重要。四个小点，意味着是二维还没成物体，所编辑的点、线还可任意打断及删除，但切记，点与点之间若没连接，就永远成不了封闭的物体。倘若是三个点，就告知所绘物体已是三维成形了，二维线已没了，只有点，一旦删点，物体即破。

❹ PHOTOSHOP 简介入门

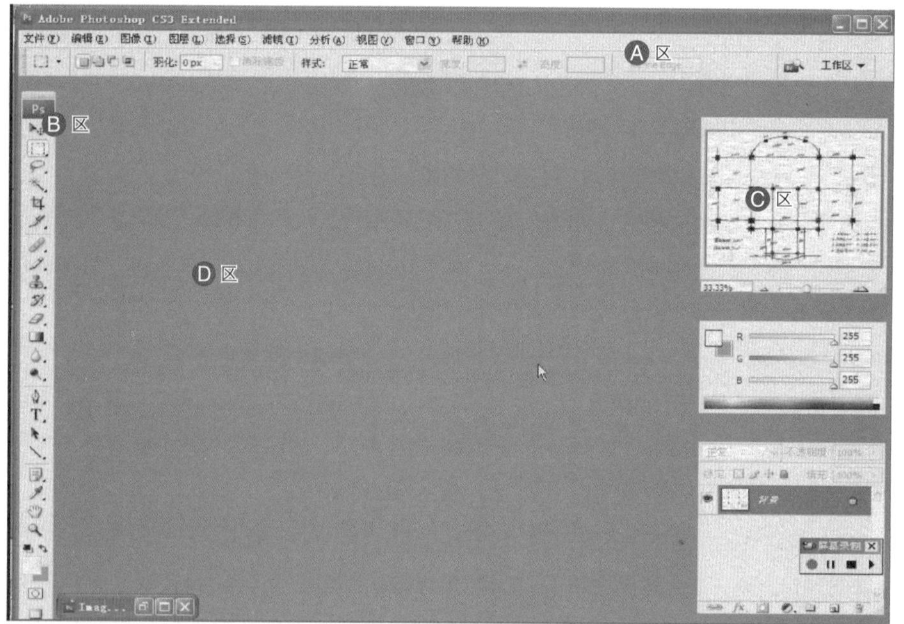

PHOTOSHOP 08 版

Ⓐ——菜单栏总括

Ⓑ——绘图工具栏

Ⓒ——编辑工具栏

Ⓓ——视图工作区

PHOTOSHOP 15 版

PHOTOSHOP08 版界面工具都在桌面上，对于从事视觉传达设计的人来说，界面小了点，但对环艺系学生来说，做效果图无所谓。当然界面大点，也即更友好点。

PHOTOSHOP15 版界面工具都隐藏在上拉菜单里，对硬件设备要求更高，但操作一样，若硬件设备配置不高，速度会非常慢。

PHOTOSHOP 软件，但凡从事艺术的工作者，几乎都能操作，因为它太普遍，也易学。在此要强调的是它的分辨率和存盘格式。150dpi 是压缩了一半的图纸，300dpi 才是印刷用参数，一般设立新建图档是原尺寸，像素栏中设为“厘米”，而在分辨率右边栏中设“像素 / 英寸”千万别设“像素 / 厘米”，不然你图若大，电脑就带不动了。再是存盘格式，“jpg”是压缩格式，颜色彩喷时，会失去一些中间层。而“tif”格式为不压缩，也就意位着图大占内存。但图要印刷时，必须是 300dpi 和 tif 格式，切记！

PS 是任何漂亮印刷品和非动态视觉影像的代名词，PS 就是 PHOTOSHOP 的缩写。

一、PS 用于影楼：它是一切漂亮照片的发源地，脸上的疤痕、痘痘及照片上路上的电线杆、杂物若不美观，可瞬间消失、抹掉。它的成像是可任意修改的，PS 是感光“RGB”化学的成像，是电子三枪光束颜色。

二、PS 用于印刷品中：任何杂志、书刊、报纸、广告都离不开 PS，印刷品都要经过数码印刷，而不管是手绘的、电脑绘制的，还是拍照的。只要是经过印刷的一切纸质品、塑料、铁皮、铝皮、（饼干盒、易拉罐）等、锡铂纸（膨化食品袋、奶粉）等，它们的印刷品成像是四色油墨，即“CMYK”值，为 C- 蓝、M- 品红、Y- 黄、K- 黑，所以印刷出来的东西，是经网点印出，彩喷也是网点，只是肉眼很难看清和分辨罢了。

故印刷品就有印刷载体的大小，如印塑袋、铝箔可无限长，因为它是滚筒印刷，塑料制品载体是滚状的，一卷卷的。而纸张、铁皮就不一样，一张张的，有大小，如纸张分大度纸（1194mm × 889mm）和小度纸（1092mm × 787mm）之分，只要你想去印任何东西，就得计算你将印东西成品的大小，不然设计没有算好，就得浪费，因为纸张一裁切，就没用了。所以常用“几开”来形容印刷杂志、广告、报刊和食品类包装等大小。但彩喷除外，因为它也是一卷卷喷的，也是网点组成。

还有，照片在 PS 中，没有“腻色”随便多鲜艳的色彩 RGB 都可能感光洗印出来，但纸装印刷却不同，绝对有“腻色”，鲜艳的颜色值经 CMYK 四种油墨通过网点，互相渗透印出来，那鲜艳色是印不出来的。

当知道其中奥秘后，注意你的 PS 作品是洗照片、彩喷或是印刷。你若设计了一栋别墅，呈现给业主、甲方看时，有些颜色印出或彩喷出与电脑中不一样，若印、喷得很灰暗，就会影响别人对你作品的认同感。所以设计师该知道用何种手法、途径去完成一件虚拟作品的展现。若还想了解更多，可在视频中看到和听到更详细的内容。

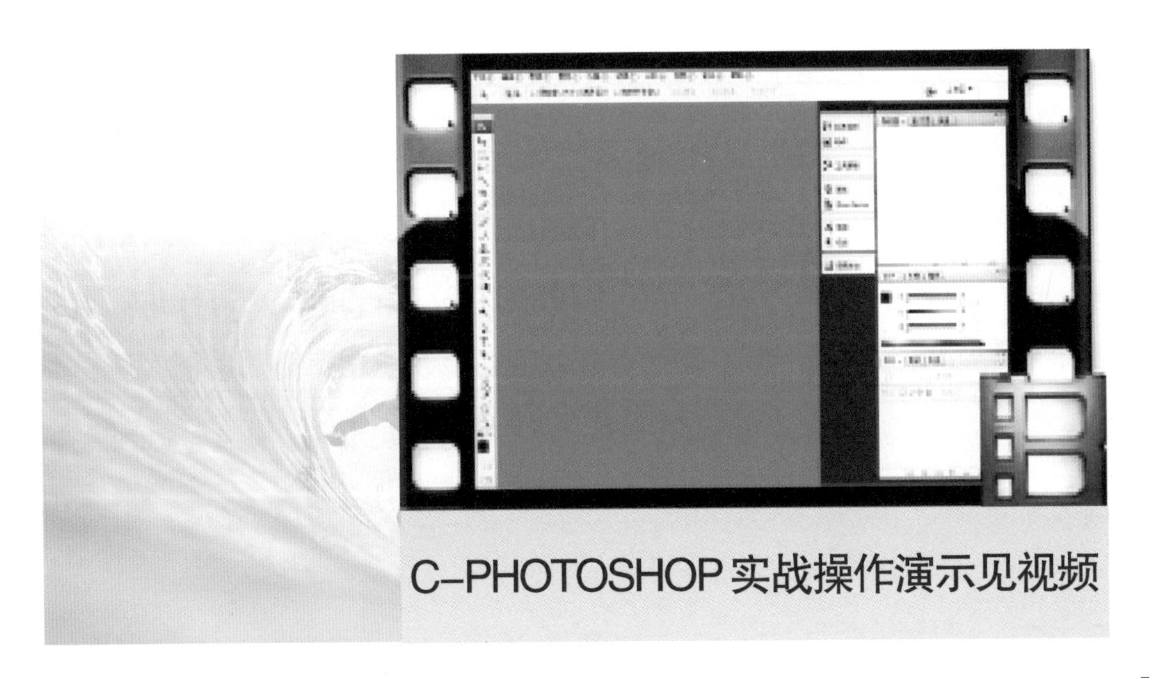

C-001.（1 分钟）PHOTOSHOP 界面工具栏
C-002.（7 分钟）二种纸张大小介绍及出效果图和印广告之分辨率与文件格式
C-003.（11 分钟）图纸开幅分辨率文件格式
C-004.（11 分钟）如何绘制鸟瞰图景观效果
C-005. 完整版（105 分钟）欧式别墅鸟瞰图景观植物效果绘制步骤
C-005-1.（35 分钟）欧式别墅鸟瞰图景观植物效果绘制步骤
C-005-2.（34 分钟）欧式别墅鸟瞰图景观植物效果绘制步骤
C-005-3.（36 分钟）欧式别墅鸟瞰图景观植物效果绘制步骤
C-006.（21 分钟）如何将鸟瞰图已绘景观素材效果再用
C-007. 完整版（70 分钟）欧式别墅建筑主立面效果绘制步骤
C-007-1（20 分钟）欧式别墅建筑主立面效果
C-007-2（24 分钟）欧式别墅建筑主立面效果
C-007-3（20 分钟）欧式别墅建筑主立面效果
C-008. 完整版（60 分钟）如何做黄昏中的欧式别墅及水塘效果绘制步骤
C-008-1.（20 分钟）如何做黄昏中的欧式别墅及水塘效果绘制步骤
C-008-2.（24 分钟）如何做黄昏中的欧式别墅及水塘效果绘制步骤
C-008-3.（24 分钟）如何做黄昏中的欧式别墅及水塘效果绘制步骤
C-009. 完整版（74 分钟）如何做欧式别墅及建筑环境夜景效果绘制步骤
C-009-1（20 分钟）如何做欧式别墅及建筑环境夜景效果绘制步骤
C-009-2（20 分钟）如何做欧式别墅及建筑环境夜景效果绘制步骤
C-009-3.（34 分钟）如何做欧式别墅及建筑环境夜景效果绘制步骤
C-010. 完整版（55 分钟）如何做欧式别墅室内装饰效果绘制步骤
C-010-1.（25 分钟）如何做欧式别墅室内装饰效果绘制步骤
C-010-2.（25 分钟）如何做欧式别墅室内装饰效果绘制步骤

D–CAD 转 PS 实战操作演示见视频

D-001.（8 分钟）3DS 之 dwg 文件输入 AUTO 做立面图
D-002.（10 分钟）如何整理 3D 线转 CAD 矢量线
D-003.（15 分钟）如何整理 3D 线转 CAD 矢量线
D-004.（15 分钟）如何整理 3D 线转 CAD 矢量线
D-005.（10 分钟）如何整理 3D 线转 CAD 矢量线
D-006.（10 分钟）如从 PHOTOSHOP 建筑景观效果图里获取 CAD 配景材料
D-007.（15 分钟）将 3DSMAX 里的建筑平面线导入 AUTOCAD 里完善平面设计
D-008.（13 分钟）将 3DSMAX 里的建筑平面线导入 AUTOCAD 里完善平面设计
D-009.（15 分钟）AUTOCAD 别墅室内平面布置
D-010.（9 分钟）如何绘制 AUTOCAD 施工图图框
D-011.（6 分钟）将建筑别墅配进 AUTOCAD 图框并对别墅进行尺寸标注

❺ 彩色平面图绘制

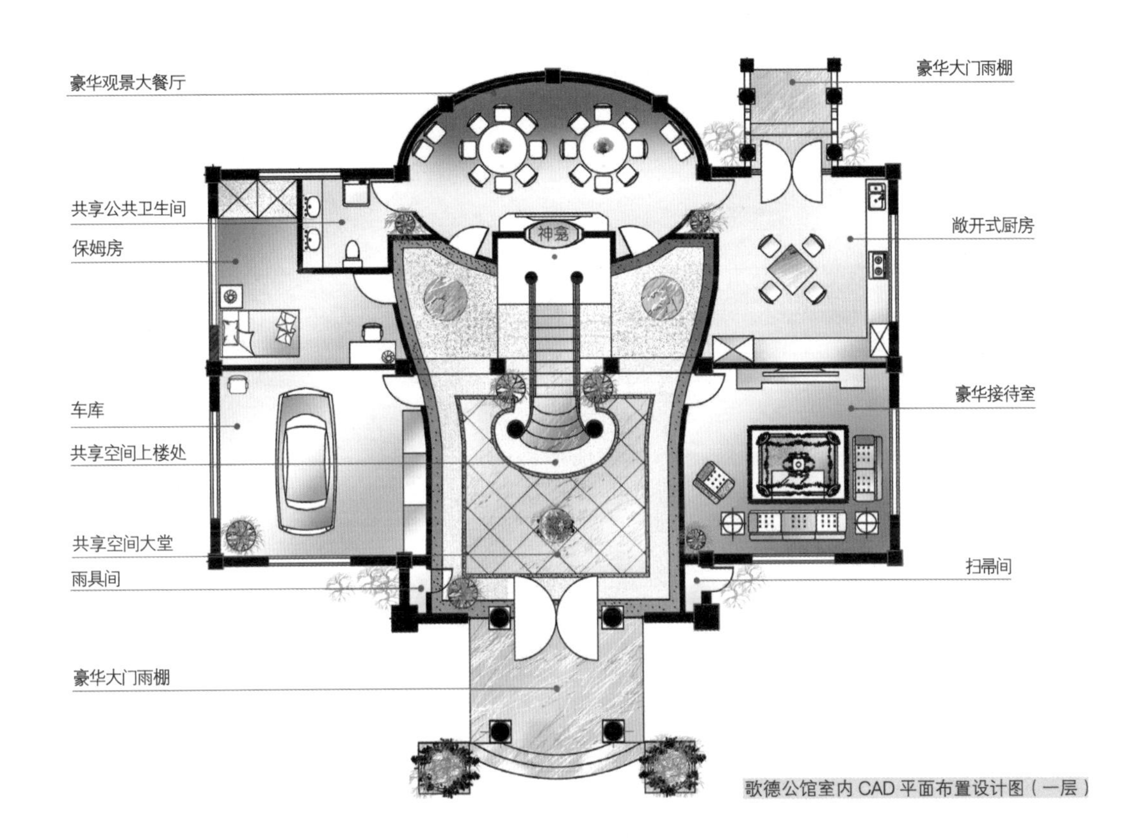

歌德公馆室内 CAD 平面布置设计图（一层）

E-CAD 转 PS 实战操作演示见视频

E-001（9 分钟）把 CAD 文件转 PS 中画彩色平面图

平面设计是环境艺术设计师与业主、客户或甲方沟通的首要桥梁，也是业主客户对于该产品认可和喜好态度之载体。故平面图要设计得周到、温馨和惬意，色调典雅不落俗套，设计师要站在业主和客户一方，充分替业主、客户考虑周全和仔细环境布置的分析，设计就有被采纳的可能。

CAD 导入 PHOTOSHOP 后色彩材质图片融入设计示范

❻ PHOTOSHOP、AUTOCAD、3DSMAX 各种效果图展示

歌德公馆鸟瞰图

歌德公馆东南立面效果图

歌德公馆鸟瞰图及东北立面效果图

歌德公馆西立面及南立面夜景效果图

歌德公馆东北立面黄昏效果图

歌德公馆进门大堂共享空间设计效果图

歌德公馆大堂共享空间设计效果图

南立面与顶平面建筑示意图

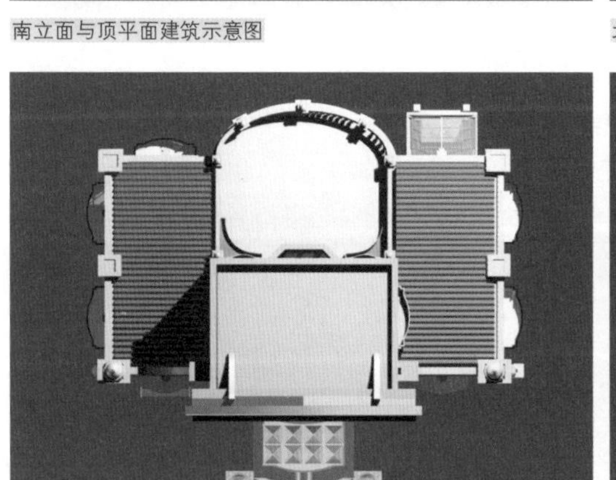

北立面与东、西立面建筑示意图

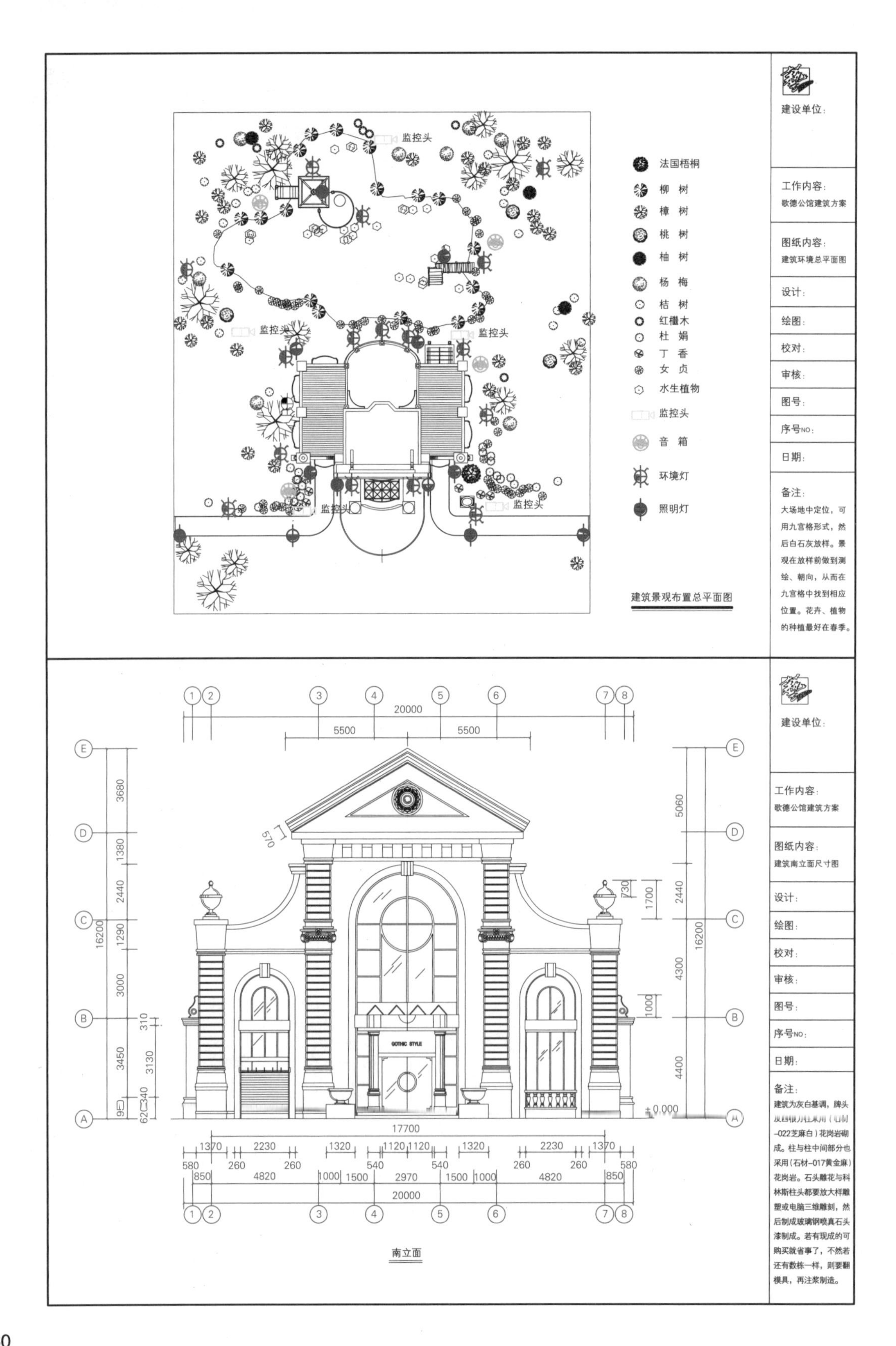

监控头
法国梧桐
柳 树
樟 树
桃 树
柚 树
杨 梅
桔 树
红檵木
杜 娟
丁 香
女 贞
水生植物
监控头
音 箱
环境灯
照明灯
建筑景观布置总平面图
建设单位:
工作内容:
歌德公馆建筑方案
图纸内容:
建筑环境总平面图
设计:
绘图:
校对:
审核:
图号:
序号NO:
日期:
备注:
大场地中定位，可用九宫格形式，然后白石灰放样。景观在放样前做到测绘、朝向，从而在九宫格中找到相应位置。花卉、植物的种植最好在春季。
GOTHIC STYLE
±0.000
南立面
建设单位:
工作内容:
歌德公馆建筑方案
图纸内容:
建筑南立面尺寸图
设计:
绘图:
校对:
审核:
图号:
序号NO:
日期:
备注:
建筑为灰白基调，牌头
-022芝麻白）花岗岩砌成。柱与柱中间部分也采用（石材-017黄金麻）花岗岩。石头雕花与科林斯柱头都要放大样雕塑或电脑三维雕刻，然后制成玻璃钢喷真石头漆制成。若有现成的可购买就省事了，不然若还有数栋一样，则要翻模具，再注浆制造。

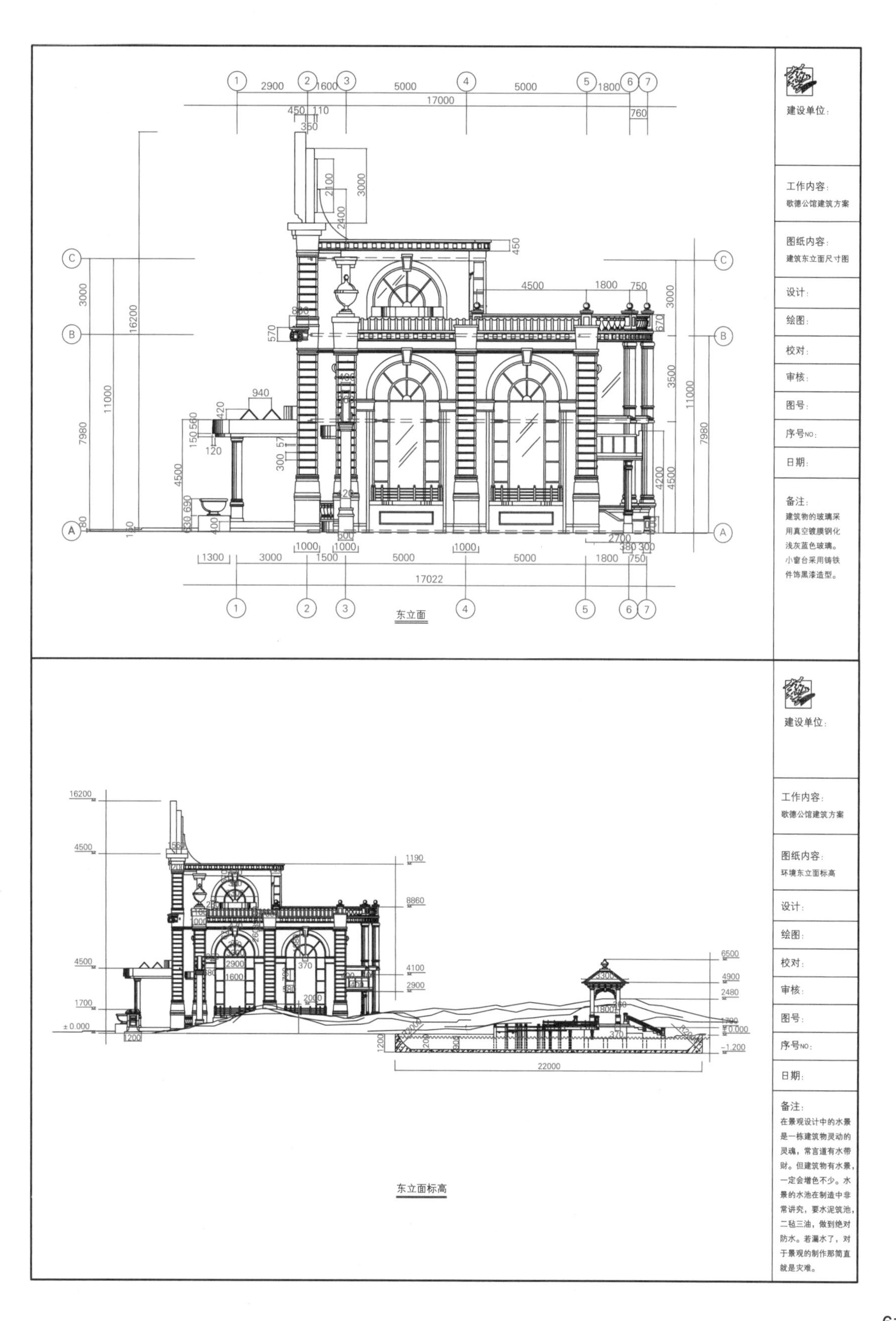

建设单位：
工作内容：
歌德公馆建筑方案
图纸内容：
建筑东立面尺寸图
设计：
绘图：
校对：
审核：
图号：
序号NO：
日期：
备注：
建筑物的玻璃采用真空镀膜钢化浅灰蓝色玻璃。小窗台采用铸铁件饰黑漆造型。
东立面
建设单位：
工作内容：
歌德公馆建筑方案
图纸内容：
环境东立面标高
设计：
绘图：
校对：
审核：
图号：
序号NO：
日期：
备注：
在景观设计中的水景是一栋建筑物灵动的灵魂，常言道有水带财。但建筑物有水景，一定会增色不少。水景的水池在制造中非常讲究，要水泥筑池，二毡三油，做到绝对防水。若漏水了，对于景观的制作那简直就是灾难。
东立面标高

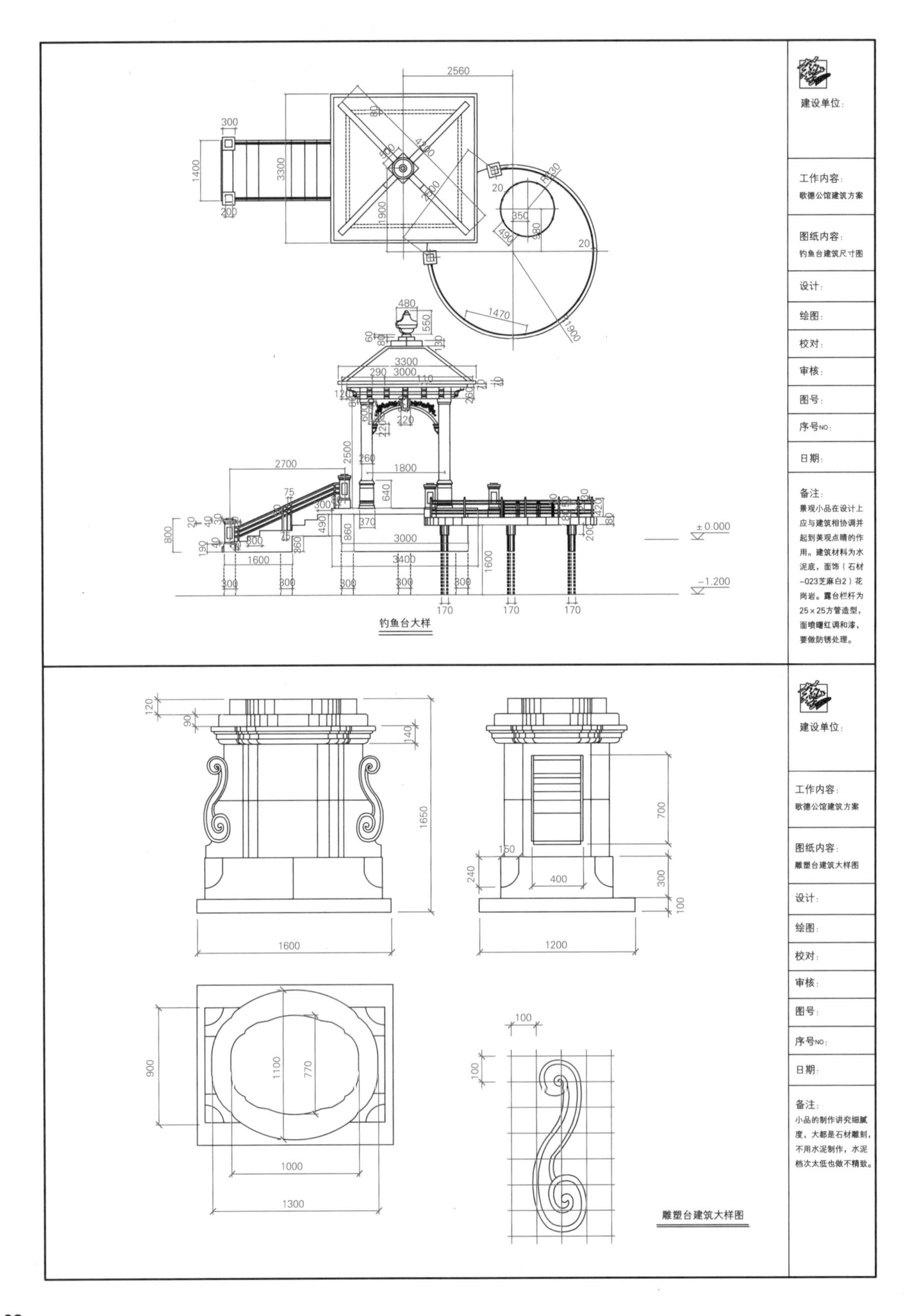

建设单位：
工作内容：
歌德公馆建筑方案
图纸内容：
钓鱼台建筑尺寸图
设计：
绘图：
校对：
审核：
图号：
序号NO：
日期：
备注：
景观小品在设计上应与建筑相协调并起到美观点睛的作用。建筑材料为水泥底，面饰（石材-023芝麻白2）花岗岩。露台栏杆为25×25方管造型，面喷暗红调和漆，要做防锈处理。
±0.000
-1.200
钓鱼台大样
建设单位：
工作内容：
歌德公馆建筑方案
图纸内容：
雕塑台建筑大样图
设计：
绘图：
校对：
审核：
图号：
序号NO：
日期：
备注：
小品的制作讲究细腻度，大都是石材雕刻，不用水泥制作，水泥档次太低也做不精致。
雕塑台建筑大样图

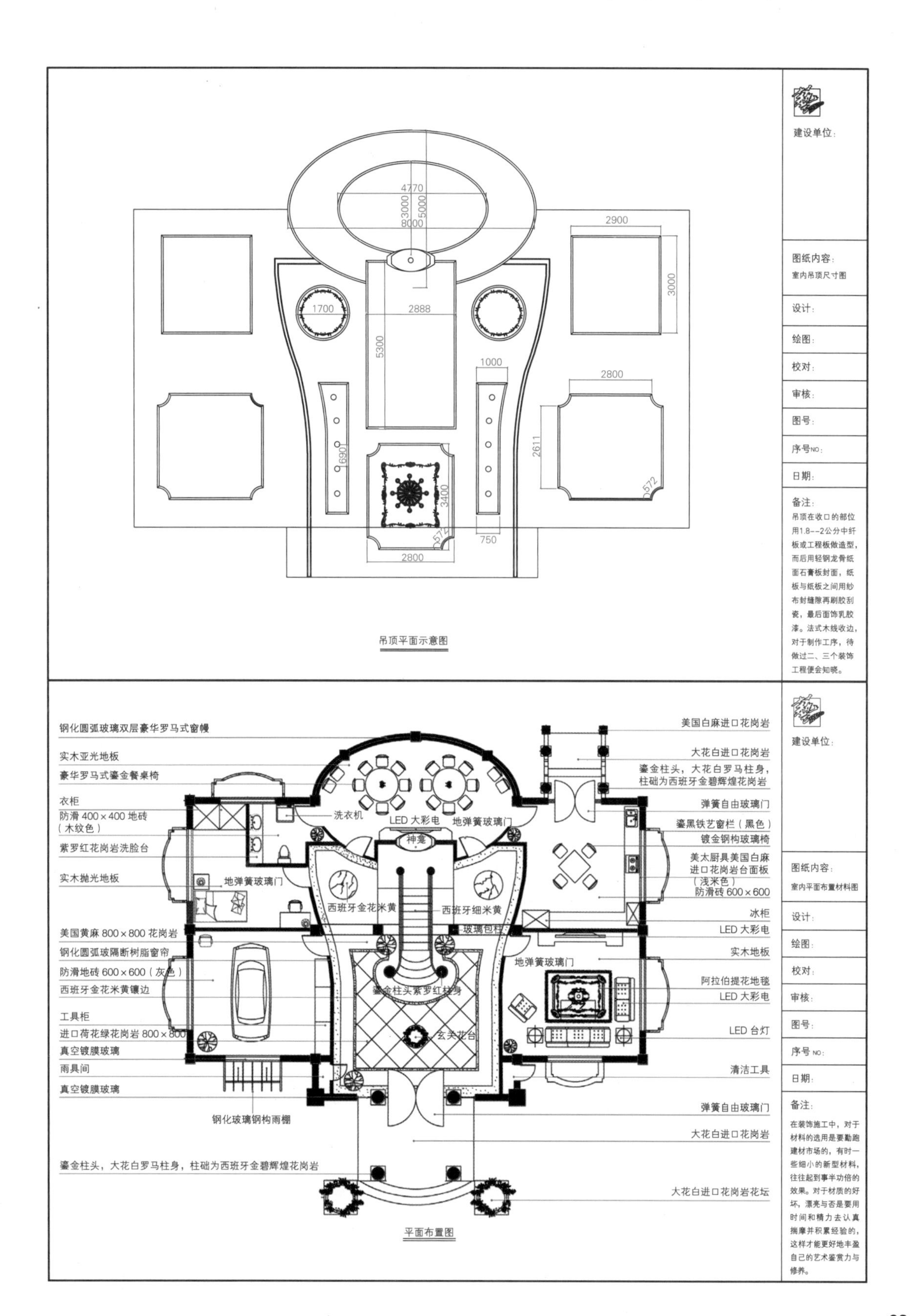

吊顶平面示意图

平面布置图

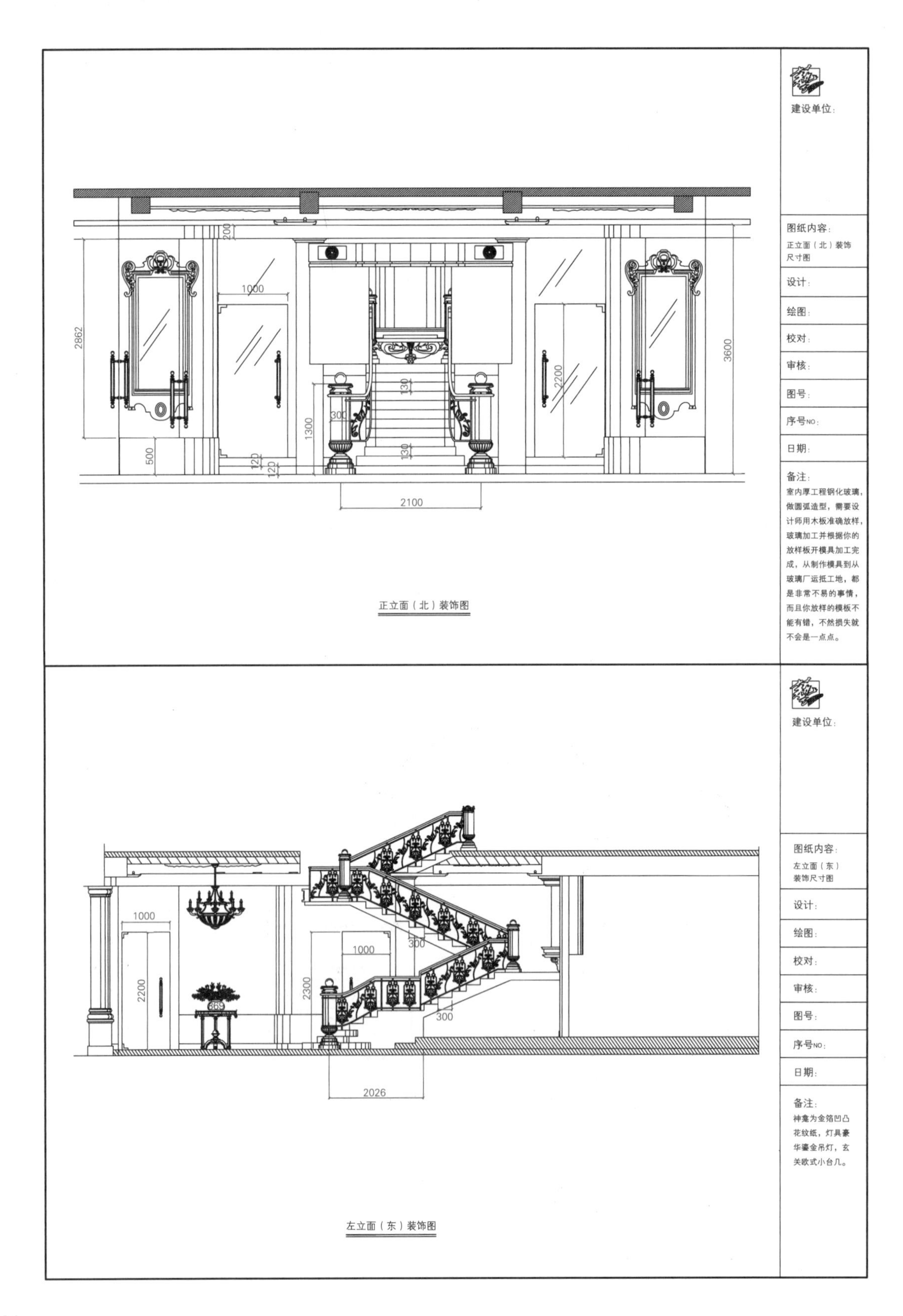

200
1000
2862
3600
2200
1300
300
130
130
500
120
120
2100
正立面（北）装饰图
建设单位：
图纸内容：
正立面（北）装饰尺寸图
设计：
绘图：
校对：
审核：
图号：
序号NO：
日期：
备注：
室内厚工程钢化玻璃，做圆弧造型，需要设计师用木板准确放样，玻璃加工并根据你的放样板开模具加工完成，从制作模具到从玻璃厂运抵工地，都是非常不易的事情，而且你放样的模板不能有错，不然损失就不会是一点点。
1000
2200
1000
2300
300
300
2026
左立面（东）装饰图
建设单位：
图纸内容：
左立面（东）装饰尺寸图
设计：
绘图：
校对：
审核：
图号：
序号NO：
日期：
备注：
神龛为金箔凹凸花纹纸，灯具豪华鎏金吊灯，玄关欧式小台几。

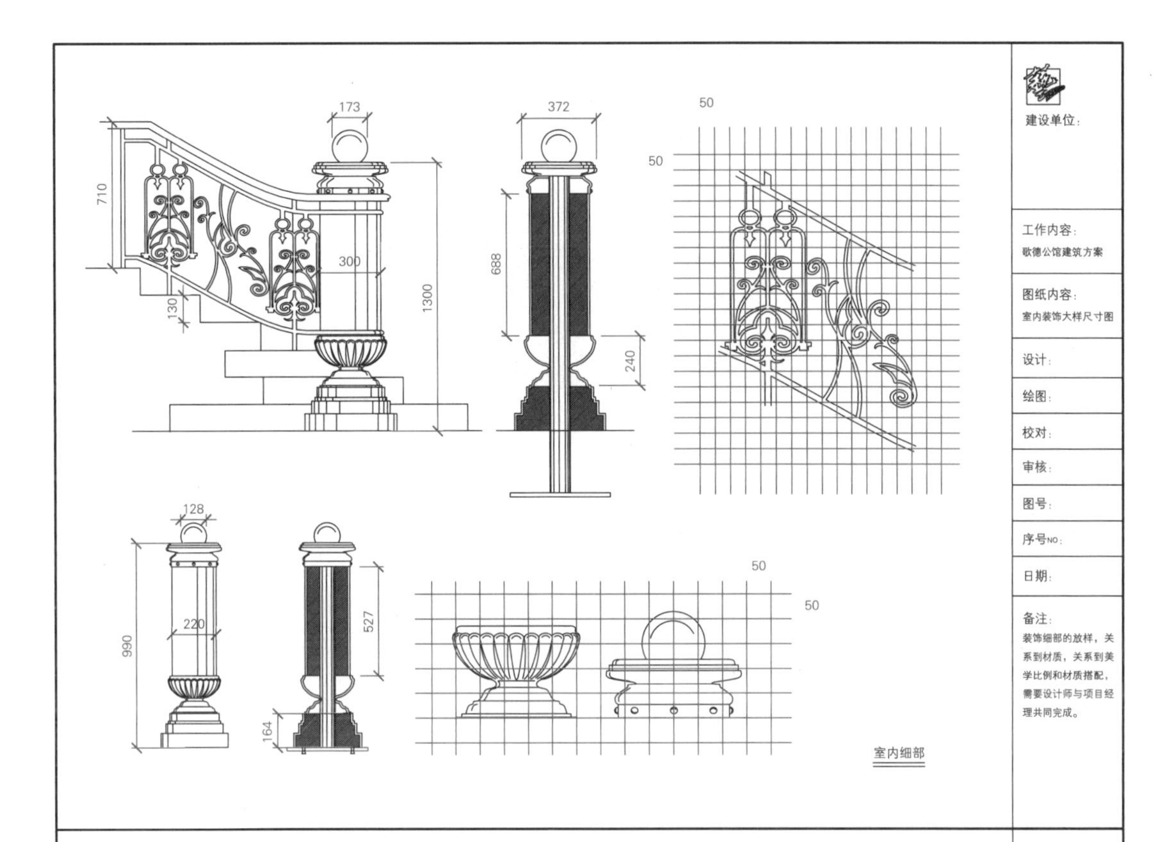

材料代号

材料	符号	材料	符号
钢	ST	铜	BR
熟铁	WI	金属	H
玻璃	GL	皮革	PG
布艺	V	窗帘	WC
壁纸	WP	壁布	WV
地毯	CPT	木材	WD
瓷砖	CEM	设备	EQP
灯光	LT	灯饰	LL
卫浴	SW	石膏板	GB
防火板	FW	人造石	MS
花岗石	GR	可丽耐	COR
石灰岩	LIM	三夹板	PLY-03
大理石	MAR	五夹板	PLY-05
不锈钢	SST	九夹板	PLY-09
马赛克	MOS	十二夹板	PLY-09
铝合金	LU	涂料、油漆	PT
压克力	AKL	细木工板	PLY-18
铝塑板	SL	轻钢龙骨	QL
艺术品	ART	家私布艺	FV
陈设品	DEC		

消防、空调、弱电、开关插座

条型风口	喷淋	插座面板	电话接口
回风口	烟感	电视接口	双联开关
出风口	温感	三联开关	单联开关
检修口	电视接口	地插座	二极扁圆插座
排气扇	电脑接口	二三极扁圆插座	二三极扁圆插座
消防出口	电话接口	二三极扁圆地插座	插座
消防栓	监控头	带开关二三极插座	普通型三极插座
吸顶扬声器	防火卷帘	三相四极插座	防溅二三极插座
四联单控翘板开关	三联单控翘板开关	双联单控翘板开关	单联单控翘板开关
单联双控翘板开关	双联双控翘板开关	三联双控翘板开关	四联双控翘板开关
声控开关	配电箱	弱电综合分线箱	电话分线箱

Symbols include: EXIT, HR, S, W, V, C, T, F, L, H.

符号及文字规范

序号	符号	符名号
1	A	平面剖切索引(符)号
2		立面索引(符)号
3		节点剖切索引(符)号
4		大样索引(符)号
5	1 立面图 S=1:□□	立面图号
6	A 剖立面图 S=1:□□	剖立面图号
7	A 大样图 S=1:□□	大样图号
8	1 节点图 S=1:□□	断面图、节点图号
9	□□图 S=1:□□	图标符号
10		材料索引(符)号
11		灯光、灯饰索引(符)号
12		家具索引(符)号

标注形式

零点标高 正数标高 负数标高 平顶标高

±0.000 2.000 -0.300 3.000

备注:
三角方向是着随立面的投视方向而变的，但是圆中水平直线以及字母数字永远都不能随意变方向。上、下圆内的表述内容不能随意颠倒。而且，立面编号宜采用按顺时针顺序连排，还可以数个立面索引符号组成一整体

线型及线宽

名称	线型	主要用途
粗实线		1、平、剖面图中被剖切的主要建筑构造（包括构配件）的轮廓线。 2、室内立面图的外轮廓线。 3、建筑装饰构造详图中被剖切的主要部分的轮廓线。
中实线		1、平、剖面图中被剖切的次要建筑构造(包括构配件)的轮廓线。 2、室内平顶、立、剖面图中建筑构配件的轮廓线。 3、建筑装饰构造详图及构配件详图中一般轮廓线。
细实线		1、小于粗实线一半线宽的图形线、尺寸线、尺寸界限、图例线、索引符号、标高符号等。
中虚线		1、建筑构造及建筑装饰构配件不可见的轮廓线。 2、室内平面图中的上层夹层投影轮廓线。 3、拟扩建的建筑轮廓线。 4、室内平面、平顶图中未剖切到的主要轮廓线。
细虚线		图例线，小于粗实线一半线宽的不可见轮廓线
点划线		中心线、对称线、定位轴线。
折断线		不需画全的断开界线。
波浪线		1、不需要画全的断开界线。 2、构造层次的断开界线。
双党划线		假想轮廓线、成型前原始轮廓线。

材质符号	材质类型		
		石材	封地面、墙面
		钢筋混凝土	现浇地面、墙面及坚固建筑体
		清玻璃	做窗、隔断、天棚（清玻雕刻、钢化玻璃做商场墙面、扶手护栏等。
		五夹板	封表面并做大弯弧
		九夹板	封表面处理
		密度政	做平面造型及可承重
		垫木、木砖、木龙骨	吊顶、隔断、造型
		石膏板	吊顶、隔断封表面

建筑图正立面手绘稿　工具：水彩、水粉、彩铅、儿童用卡通色彩透明水颜料

建筑室内共享空间大堂设计手绘稿　工具：马克笔

通过配景资料复印、缩小、粘贴再复放大和缩小快速获得的景观线描稿后拷贝或拍照进入电脑，然后用鼠标或绘图板手绘。

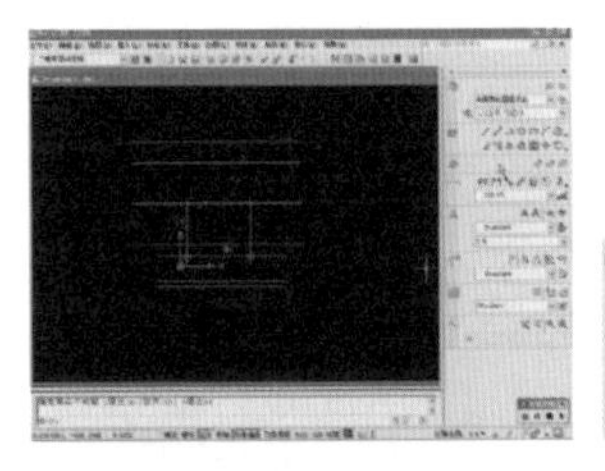

CAD 之 A-003.（9 分钟）建筑柱网横线的确立

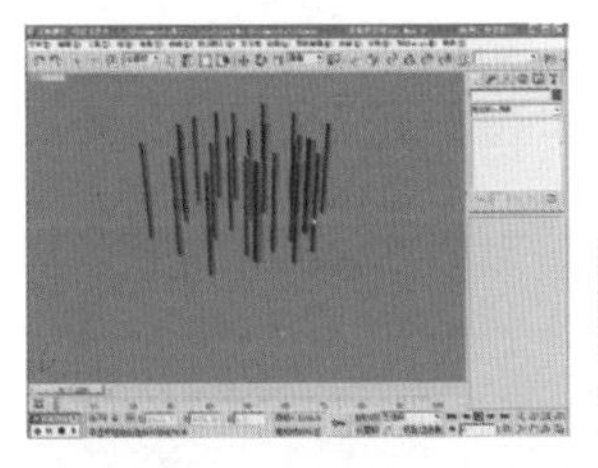

3D 之 B-002.（3 分钟）CAD.dwg 柱基导入 3DSmax 程序

PS 之 C-007-1（20 分钟）欧式别墅建筑主立面效果

一个建筑物体的由来并不稀奇，只要你喜欢的建筑造型，就可在电脑虚拟环境里发散思维，组织变化一下就可获得一个造型，或者直接在电脑虚拟环境实物图景中临摹。

我们从 AUTOCAD 中，学会了如何将标准建筑柱网导入到 3DSMAX 中。又从 3DSMAX 中如何将建模起来的虚拟造型物导入到 PHOTOSHOP 中去后期处理，从而得到一张满意的、来之不易的效果图。接下来是更好地利用 PHOTOSHOP 或其他软件完善画面，更好地服务于项目，不久的将来，你的虚拟建筑、室内装饰或景观作品将有成为现实的可能。

一组建筑物体的细部可以成就一栋建筑物的成败，设计得好，则点赞一片，否则是芒刺在背，被人指指点点，这种例子太多了。

欧洲文艺复兴时期的建筑，为何会比前期更被普罗大众所喜爱？因为它不被压抑，早期建筑一切都为宗教服务，文艺复兴后是百花齐放，更多服务于社会，服务于民众。故此，建筑上的装饰就更加丰富多彩，更加绚烂无比。

从开始手绘的平面尺寸示意图，到AUTOCAD的正规标准尺寸的柱网输入，再到3DSMAX中倾力建模，是多么艰辛，只要多努力、多建细部就定能精彩无限，反之就索然无味。

综上，了解了建模的重要性，更知道了一个好设计者之艺术修养与综合能力的重要性。若水平差就只能永远地去设计简单的“立体构成”了，那么未来城市建筑就只能是“千城一面”的立体构成的“BOX”组合体了。

第三章　匠心技巧　随心所欲

1. 毛笔、钢笔、墨汁、油画颜料等形式的建筑绘画示范
2. 高科技辅助设计设备使用介绍：利用大型复印设备设计过程
3. 使用 3M 泡沫胶、普通胶水装裱过程
4. 手绘水彩、彩铅建筑立面设计过程、建筑材料介绍及使用说明
5. 马克笔手绘室内设计过程、装饰材料介绍及使用说明
6. 手绘数码电子绘图板景观凉亭设计过程、园艺材料介绍及使用说明

在环境设计艺术领域里，都是视觉表现艺术。设计的东西都要用图面呈现，有铅笔、钢笔线描。彩铅、马克笔、水彩、水粉、三维或二维数码渲染效果等。绘图材料很多，最后都得落地表达出来，那如何绘制又如何快速，如何利用好多媒体设备辅助设计？这就见仁、见智、见悟性了。在此以图以视频形式引导和启发大家学习。

钢笔形式素描　江西吉安渼陂写生　刘星雄 绘

❶ 毛笔、钢笔、墨汁、油画颜料等形式的建筑绘画示范

油画布上用毛笔线描，要充分掌握墨汁、油画布、厚油画颜料等不同媒介的处理手法之水彩形式的绘制。

江苏无锡青山湾写生

刘星雄 绘

油画布上钢笔线描，要充分掌握钢笔尖、油画布、厚油画颜料等不同媒介的处理手法之水彩形式的绘制。

安徽西递写生

刘星雄 绘

纯油画布上建筑绘制，要充分掌握调色油、油画刮刀、油画布、油画颜料等不同媒介的处理手法。

江西婺源写生
刘星雄 绘

油画布上墨汁绘制，要充分掌握墨汁与油画布的不兼容性、厚涂刮刀与毛笔、油画笔间协调。

江西婺源写生
刘星雄 绘

水笔装饰性线描，安徽宏村速写　刘星雄 绘

弯头钢笔线描，湖南板梁速写　刘星雄 绘

软芯中粗勾线笔线描，水彩纸上设卡通儿童用透明色水彩

江西吉安渼陂速写　刘星雄 绘

❷ 高科技辅助设计设备使用介绍：利用大型复印设备设计过程

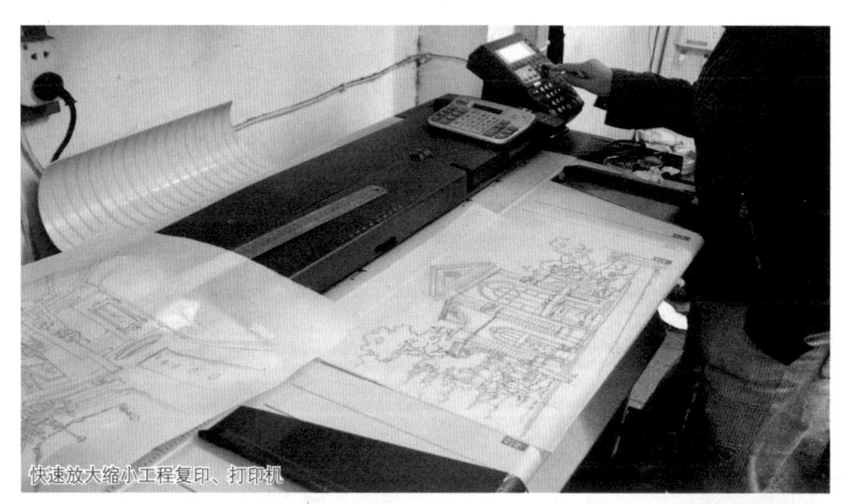
快速放大缩小工程复印、打印机

复印纸

效果图喷印

快速放大缩小工程复印、打印机：此机非常方便。任何图哪怕是一小豆腐块，都可放大到你想要的任何尺寸。

复印纸：复印纸很薄，钢笔线描尚可，但水彩、水粉着色、马克笔都不行，只有彩铅还行，但彩铅下笔重了也会使纸皱起来而影响美观。

效果图喷印：拷贝复印、打印机和彩色喷墨打印机，纸张规格为二种：A. 91cm×10m长一卷、B. 62cm×10m长一卷。而彩喷后还要覆膜，膜有光膜、亚膜、布纹膜等。所以去喷效果图时，要注意以下几点：1. 效果图分辨率要喷1440dpi值（所有彩喷店只给喷720dpi，因为省墨水、省时间，故省钱，1440dpi值要加钱。但喷出效果绝对理想；2. 效果图可无限长，但宽只有两种，看好自己欲出那一种尺寸的图，以免造成浪费；3. 效果图喷完后一定要覆膜以防水。膜有光亮膜和亚光膜两种，建议用亚光膜；4. 彩喷纸有多种，若要留得时间长，墨不易湿炸，极力力荐相片彩喷纸。而彩喷店都是用背胶珠光纸，易裱KT泡沫板，但保留时间不长，价钱较相片纸便宜；5. 彩喷机也有多种，最高清的不偏色的叫相片微喷，不在彩喷店而是在照相洗印店。

大玻璃拷贝台、强光台灯

手绘很讲究工具的得心应手，可各种笔触和绘画工具。要有一块大玻璃台，下配强光，再是质量上乘的硫酸纸、马克笔、水彩、水粉、彩铅等。尤其介绍一下便宜的儿童用卡通色彩透明水，使用与水彩相同，但只要很少几滴就可，颜色鲜艳，最主要为颜色透明，而水彩在透明度上逊色一点。

各类水笔、钢笔

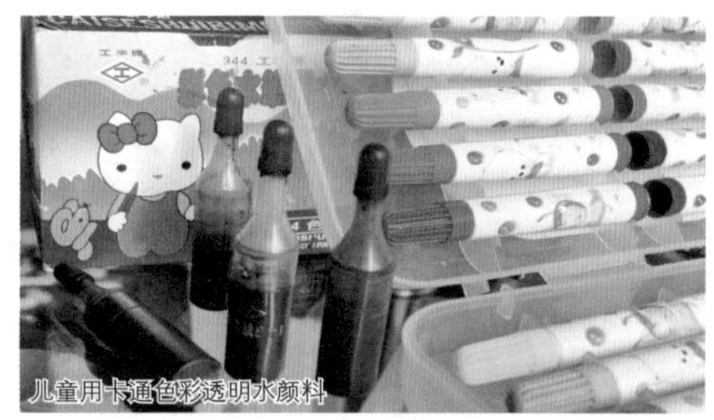
儿童用卡通色彩透明水颜料

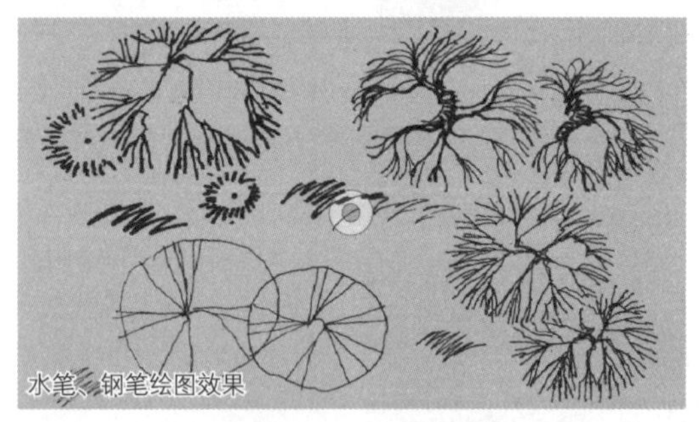
水笔、钢笔绘图效果

马克笔

辅助材料

水彩、水料颜色

F-001.（4 分钟）如何快速获得一张建筑手绘稿
0.5、0.7 线描笔、弯头美工笔、软芯标记笔介绍
硫酸纸拷贝建筑方案及粘贴已有图库做快题设计
G-002.（1 分钟）如何将一张硫酸纸粘贴手绘稿快速放大

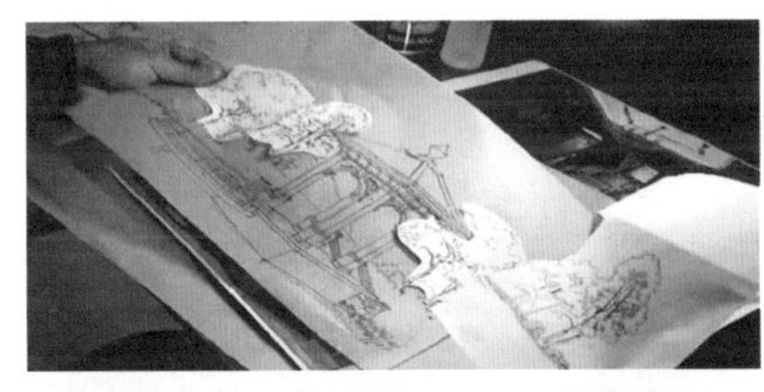

❸ 使用 3M 泡沫胶、普通胶水装裱过程

H-001.（1 分钟）如何装裱大型拷贝复印手绘图纸
H-002.（1 分钟）如何将 3M 喷胶装裱大型复印手绘图纸
H-003.（3 分钟）如何将普通胶水装裱大型复印手绘图纸

❹ 手绘水彩、彩铅建筑立面设计过程、建筑材料介绍及使用说明

I-001.（1 分钟）水彩、水粉、彩铅、马克笔、儿童用卡通色彩透明水颜料介绍
I-002.（2 分钟）如何快速使用水彩彩铅绘图
I-003.（22 分钟）如何快速完成一张水彩、彩铅建筑立面快题

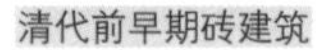

清代前早期砖建筑

新中国成立后中期红砖建筑

现代环保轻质砖建筑

这三张砖墙的变迁，告知着我们已是几个世纪过去了，历史走向了崭新的时代。

小青砖为上古时代建筑产物，历经了几个朝代依然保持着矜持的“容颜”，砖与砖之间依然难用一张纸片插入，不能不说祖先的匠心与伟大。砖块不厚，3 ~ 4cm，墙的厚度为 20 ~ 30cm 之间，墙中灌满着泥土，墙砖间粘合的是用糯米浆掺白石灰砌成，细腻而坚韧。梁构造为木材，榫卯结构，互相榫结拉扯，就是地震了，也不会散架，有“墙倒屋不塌”之说。

新中国成立后的建筑机制红砖质地差于小青砖，砌墙中空且易风化。梁为“打箍”形式，即墙砌到一层楼后，圈一圈水泥梁紧箍着，已不用木材为柱了。由于战争后经济条件和工业落后的缘故，此时水泥属高档建材、舶来品，民间称“洋灰”。所以红机砖所砌楼房一般只有三四层。如今除农村少许还用一点红砖外，城市已不多用。

轻质砖为环保型建筑材料，是如今大型建设的主要砌墙型材，质轻、环保、起墙速度快、效率高，但不耐震和抗压（因为砖已不做承重之用，承重全在现浇梁上）。而今人口膨胀，城市用地越来越少，楼房向天空伸展，此时建筑大量用水泥和型钢，建筑全为现浇结构，由于可任意浇铸建筑结构，所以怪异曲面的非线性建筑遍地“发芽”。钢比木材强很多倍，故楼房越来越高，明显砖块就得轻、建造快捷，这也是高科技带来的时代变迁与翻天覆地的变化。

一栋建筑、一幢摩天大楼，现今一切都需高效节能和绿色环保，这说明建筑的环保对于人类的发展和贡献是何等的重要。

设计就该有规有矩，按章行事，按建设规范办事，这是一个好设计师必须遵守的原则。

现在，我们在“歌德公馆”室内外的建筑装饰一体化设计中，顺便了解建筑、装饰与景观园艺材料，是绝对有必要的，我们要有目的、有知识地，而不是半知半解地去瞎画，应一步步强制自己先行于别人究其规范。

建筑主要材料为：

一、建筑建设用型钢例：1. 螺纹钢　2. 工字钢　3. 槽钢　4. 角钢　5. 方管钢等　6. 砂光不锈钢板　7. 镜面 8K 不锈钢板

二、各种砌墙用砖例：8. 烧结普通砖　9. 空心砖　10. 混凝土实心砖　11. 加气混凝土砌块等

三、各种环保与传统瓦例：12. 水泥瓦　13. 琉璃瓦　14. 小青瓦等

四、建筑用天然大型石材例：15 ~ 17

五、建筑用预制水泥板例：18

（1）螺纹钢

（2）工字钢

（3）槽钢

（4）角钢

（5）方管钢

（6）砂光不锈钢板

（7）镜面 8K 不锈钢板

（8）烧结普通砖

（9）空心砖

（10）混凝土实心砖

（11）加汽混凝土砌块

(12) 水泥瓦

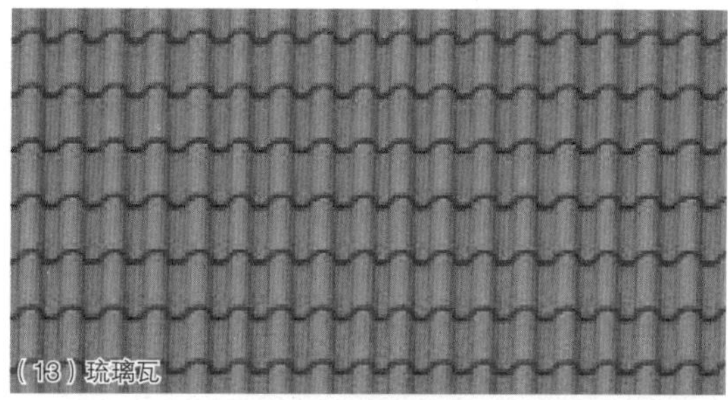
(13) 琉璃瓦

(14) 小青瓦

(15) 大理石

(16) 花岗岩、大理石原矿

(17) 花岗岩原矿开采、切割、储运

(18) 预制板

大型建筑石材的原矿山，需用大型机械开采（图 16、图 17）。运输皆为大型工程吊车。切割、打磨、抛光一气合成。大型石材分花岗石和大理石两种。花岗石为石碳石结晶而成，质地坚硬，耐磨，多用于建筑外墙及大型建筑室内铺设。大理石其质地脆得多，一般不做建筑外墙与地面，只做装饰用室内墙面、洗脸台、服务台、水池与花池镶边等。水泥预制板为建筑型材（图 18），一般用着楼层面铺设和小型屋顶，大露天屋顶多为现浇，厚度为 11 ~ 13cm，预制板厚度为 12cm 左右。

❺ 马克笔手绘室内设计过程、装饰材料介绍及使用说明

J-001.（14 分钟）如何用马克笔绘制室内效果图

玻璃钢成型吊顶

玻璃钢成型吊顶

玻璃钢科林斯柱

欧式建筑室内装饰语言和装饰符号与中式建筑装饰语言及装饰符号是截然不同的，中式室内讲究天井、壁照、雀替、中堂山水花鸟国画与对联、宫灯、座钟、白镜，以及八仙红木或檀香木桌椅等。而欧式室内装饰语言是几级法式边吊顶、法式阴角木线、火炉壁龛、古典镜框油画、蕾丝花边窗帘、窗幔。古典卷草花饰金边布艺沙发、欧式卷草纹布面墙纸、豪华水晶吊顶，波斯提花地毯等。

当然中西式室内装饰材料远不止这些。只是做什么样式、什么风格的设计，就要有什么样的文化语言，切莫似是而非，贻笑大方。

左图都是现成欧式吊顶及欧式巴洛克装饰立柱，在建材市场都能买到，有很多款式，在设计时，要腿勤、手勤，多跑建材市场多拍照、记录，而后有的放矢地用于自己的创意设计建模中，这样有根有据，一旦客户、业主认可，立马可画施工图，待做出环艺室内装饰造型后与效果图一样，不会有大出入，便于日后验收。而如果无根无据地随意画，是需要详细施工图与大样图的，日后甲方、客户、业主拿效果图与施工图验收时，不是一码子事，而横生枝节。

玻璃钢或石膏制品，质轻且易碰坏边角，所以在施工时，是最后安装，一次成形。法式阴角在安装时，若是毛坯，待施工完后再附油漆，若是成品则需要用色带纸（一种油漆专用不干胶弱黏性胶带纸）把边全包好，用废报纸覆盖，待墙面等完工后可轻易撕掉。

室内装饰主要材料为：

一、板材

1. 工程板 2. 胶合板 3. 装饰面板 4. 中纤板（密度板） 5. 刨花板 6. 防火板 7. 纸面石膏板 8. PVC 板 9. 铝塑板 10. 木地板等，这些都是室内装饰施工时一定会用到的板材。

1. 工程板：工程板又称为太芯板，在当今的装饰中使用非常之普遍，是替代木方料的最好材料，是装饰工程施工中必不可少的板材之一。其规格多为：1220mm×2440mm。

工程板其表面为3厘板或5厘板。而相夹的中间多为木料的边角材料，若质量不过关的工程板往往其内里是空心的，在施工裁切时浪费颇大。

优质工程板

优质工程板

质差工程板、空边角料制成

2. 胶合板：胶合板分5厘板和9厘板，还有12厘板等等，特殊加工的多厘板一般为1mm一张。是一张张用原木裁切相黏而成，用化学胶经高压而成形，故叫几厘板。因为是化学胶黏合而成，因此含有较高的甲醛，建议不多用。它最大性能是可弯曲，故在做曲面造型结构时，常用到，中度防水。

胶合板

胶合板截面示意

3. 装饰面板：装饰面板的表面有天然的木纹板和人造印刷的木纹板两种。而人造印刷的木纹装饰面板是与普通木板相黏，但其价格相差很大。在室内设计中，是要根据装饰的中、高、低的档次及形式而定。

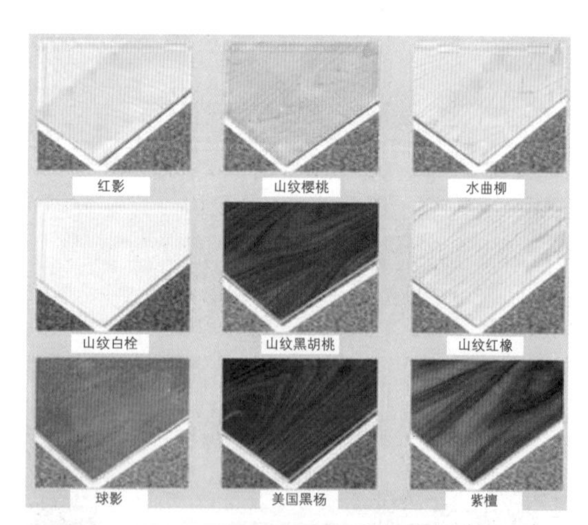

装饰面板

4. 中纤板：中纤板有中密度纤维板和高密度纤维板之分，密度在 450 ~ 800kg/m³ 的是中密度纤维板，密度在 800kg/m³ 以上的是高密度纤维板。密度板是以植物木纤维为主要原料，经热磨、铺装热压等工序制成。此板材具有可塑性，却不能弯曲。是做家具台面板及板材修圆边的极佳材料。

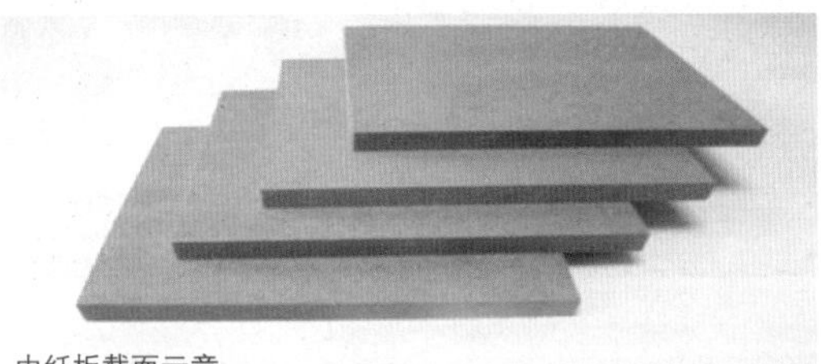
中纤板截面示意

中纤板

5. 刨花板：刨花板是天然木材粉碎成颗粒状后，再经黏合压制而成，因其剖面类似麦秆屑，所以称为刨花板。不防水，是装饰施工的便宜辅助普料。

刨花板截面

6. 防火板：防火板是采用硅质材料或钙质材料为主要原料与一定比例的纤维材料轻质骨料、黏合和化学添加混合，经蒸压制成的装饰板材，厚度一般为：0.6 ~ 1.2mm。防火板多用于易燃之地。

防火板截面示意

防火板

7. 纸面石膏板：纸面石膏板是以熟石膏为主要原料掺入添加剂与纤维制成的板材为纸面石膏板，其上下表面为纸板，中间是石膏板，所以称为纸面石膏板。此板材防火但不防水，且易摔破。纸面石膏板多用于室内吊顶。

纸面石膏板

纸面石膏板吊顶示意

8. PVC 板：PVC 板是以 PVC 为原料制成的装饰板材。大多以素色为主，也有仿花纹、仿大理石纹的。常用于厨卫及公共场所。

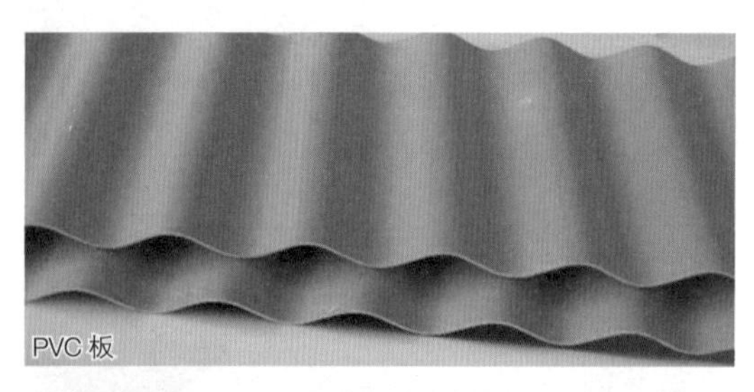
PVC 板

彩色 PVC 板

9. 铝塑板：铝塑板其表面为薄铝，下面为塑胶材料，铝塑板素色也有多种花纹。在室内外广泛使用，易裁易弯、防水防火，墙面上招牌常用。

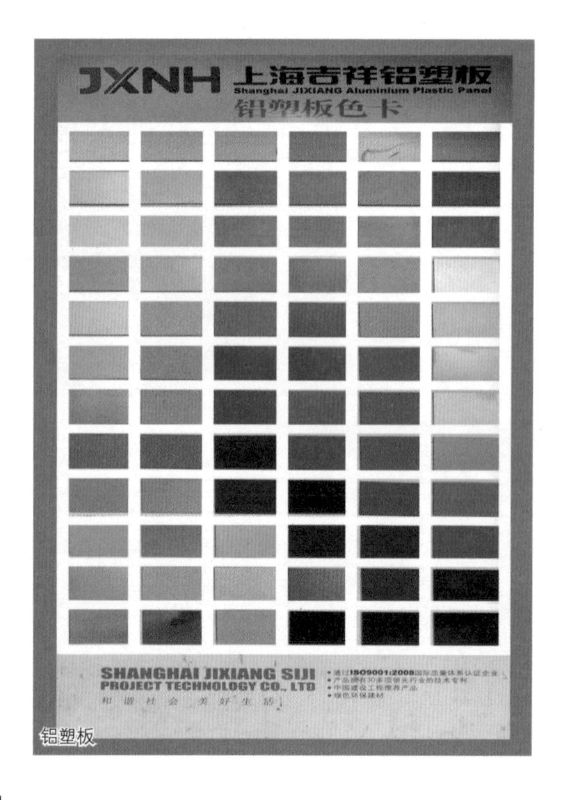

铝塑板

10. 实木地板：天然木料裁锯而成。复合地板：指的是合成材料做成的地板，表面为一张印刷木质纹理的纸张，下面为中密度纤维板经高压而成形，不耐水。无论是实木地板还是复合地板，颜色丰富、有光面、亚光之分。

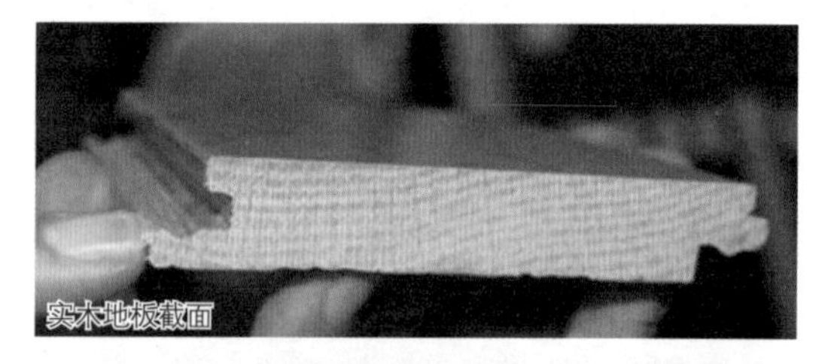
实木地板截面

实木地板

二、石料与砖材

11. 石材：石材指的是天然花岗石和大理石。质地坚硬的，断面有如钻石般晶体状的石材为花岗石，大理石断面呈粉状。花岗石坚硬不易被踩破，而大理石质地松脆，容易被踩破。这两种石材其天然颜色丰富，但在居家装饰时要少用，因为它有一定的放射性。石材分进口和国产两种，在欧式建筑室内外设计时，是必不可少的装饰面饰材料，但进口石材价格非常昂贵，根据装修预算进行设计，不能只一为地为了好看而不管经济，而是要常去建材市场了解价钱。

12. 抛光地砖：类型很多，天然石材和人造抛光砖建材，其表面的光泽度是有度数的，自然转数度越多就越亮，所以若有机会从事装修监理或做装修材料员，再是替业主、客户去购买天然石材，一要看表面为多少“转度数”，二是要知晓其放射性参数。

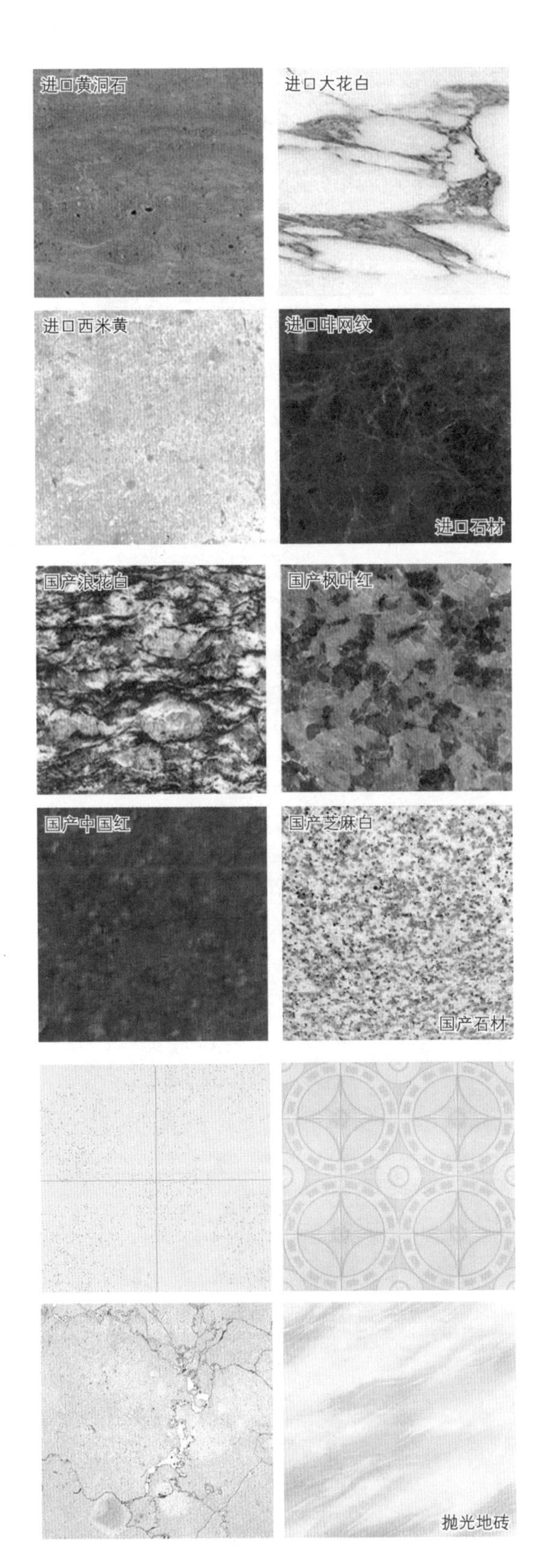

13. 装饰性文化石：装饰性文化石多用于家庭的装饰墙面，如电视机背景墙，餐厅背景墙，或装饰性水池等。但要少面积使用，若使用得当，会有精细、粗糙对比强烈之返璞归真的效果。

进口石材

三、木方料

14. 木方料在装饰施工中必不可少，且作为装饰施工中转折及结构的相交时而使用。但在中式风格的装饰中，木纹的选择多以木质纹理好看为上乘，再饰以本色面漆。

不管中式还是西式装饰风格中，其木质一定要干燥，不然饰以面漆后会起水泡。

木方料

四、玻璃材料

15. 玻璃：玻璃分 A. 普通浮化玻璃 B. 钢化玻璃 C. 雕花装饰玻璃。

A. 普通浮化玻璃，我们常指安装窗户的普通玻璃，5mm 厚。若厚工程玻璃，常指用于装饰上，那是一定要钢化的，不然就有安全隐患。

B. 钢化玻璃是生产过程中，加工到一定温度后迅速冷却的方法或是化学方法进行特殊处理后的玻璃。若遇事故破碎后会即刻成碎玻璃渣，从而避免不被钢化的玻璃像把尖利的利韧一样，从而造成危险。

钢化玻璃的冰裂纹效果有很强的装饰韵味。钢化玻璃多用于大型公共建筑外幕墙和大型商场、酒店做橱窗用，钢化玻璃又称强化玻璃。做室内装饰时可做房屋隔断使用。

C. 雕花装饰玻璃，雕花装饰玻璃多用于装饰效果而用，常用在玄关、室内隔断及装饰面台板上。图案、颜色可根据自己的喜好而设计。

幕墙钢化玻璃（真空度膜，可变换颜色）

雕花玻璃（最好进行钢化）

钢化玻璃

雕花玻璃店展示

五、纤维材料

16. 纤维：纤维是装饰中的软装材料，纤维最主要是看其面料、色泽和肌理。肌理指的是装饰材料的不同质地，如：真皮、麻料、竹篾、麦秆、丝绸、棉布、锦缎、窗纱、人造革、窗帘绒布、墙布或有肌理的墙纸等。不同的质地在装饰时会产生不同的肌理效果。在灯光的作用下，其粗细、绒、麦秆、有肌理的墙纸等会产生不同的温馨气氛。

软装装饰物

纤维软装材料

七、装饰材料

18. 石膏：石膏装饰用欧式石膏阴角线及装饰套用构件，沙岩装饰饰物是欧式室内装修必不可少的文化语言与符号，要善于运用。

法式套件及阴角线

六、软装材料

17. 软装：软装在当今室内装饰时，常常用于烘托室内气氛。我们称作为软装及配饰。一般意义上，在室内设计时不主张过多搭建硬装造型，因为硬装造型就是固定于墙体载体之上，装上去就不可有第二次再拆下使用。而软装，如窗帘、装饰物品是可再利用的。而往往出温馨效果的是灯光环境和软装装饰。

欧式软装石膏装饰人物

欧式软装沙岩装饰饰物

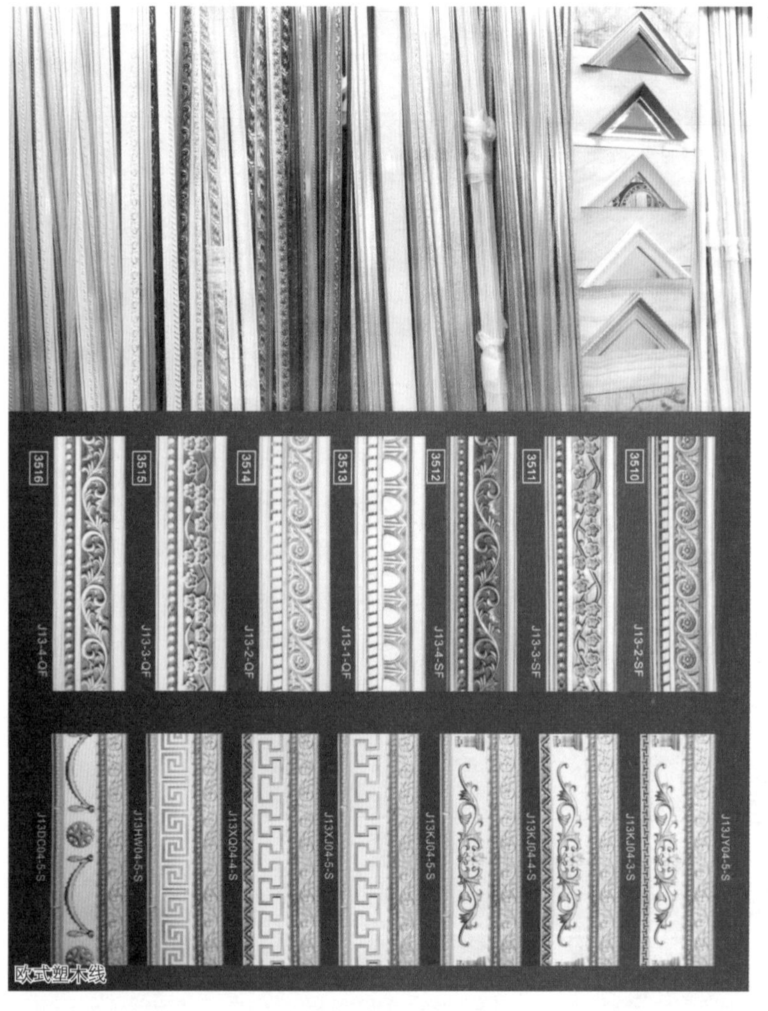

欧式塑木线

19. 欧式塑木线：欧式塑木线是在做欧式室内设计时必不可少的装饰构件，其材质轻盈、安装方便，绝对优于石膏阴角线。

再者，各种墙阴角线、门窗收口挂边线、腰墙装饰线、地脚线、吊顶大圆圈线等，其纹理、纹路、凹凸精致。但最大一缺点是，颜色色泽过艳、过鲜，多了点俗气，若只要其纹理、纹路和精致凹凸感，可以根据喜好自己重新喷涂面所要的颜色。

特别提醒，若在做欧式室内设计建模时，建模木线用于墙面、阴角、门窗挂线，室内效果图渲染出来后会非常漂亮，在做施工图时，就有的放矢。若做凹凸贴图，渲染出来后效果是不尽人意的。

20. 塑木贴金箔：塑木贴金箔欧式镜框装饰品，十分华丽，尤其用于歌舞厅装饰。

塑木贴金箔 1

塑木贴金箔 2

21. 欧式豪华木门、楼梯：欧式木门楼梯是欧式住宅，尤其欧式别墅设计中必用。有漆木纹本色的，有漆白色鎏金边等，总之极讲奢华，讲究品位，在欧式木门上，门把手一般为古铜色。

欧式豪华楼梯

楼梯杆件

欧式豪华木门

❻ 手绘数码电子绘图板景观凉亭设计过程、园艺材料介绍及使用说明

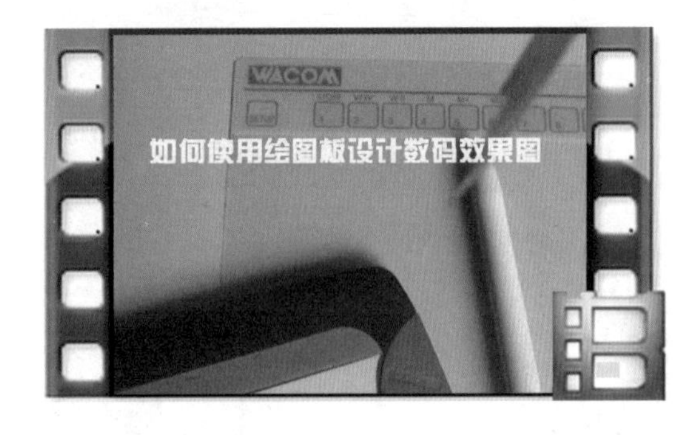

K-001.（1 分钟）数码绘图板介绍

K-002.（1 分钟）如何使用数码电子笔、绘图板或鼠标设计

K-003.（47 分钟）如何使用数码电子笔、绘图板或鼠标设计

K-004.（22 分钟）如何使用数码电子笔、绘图板或鼠标设计

K-005.（11 分钟）如何使用数码电子笔、绘图板或鼠标设计

子曰："食必常饱，然后求美"。

大自然景观是唯物的，不管你是饱是饿，它依然伟岸光芒。人为小景观是唯心的，是在酒足饭饱后对于自然界的什物，加以随心所欲摆弄后的产物。

所以，景观的设计分大环境景观设计（如市政广场，楼盘布局、人民公园等）和小环境景观设计（如自家庭院、商场、酒店内饰、办公场所，甚至于居家的阳台造景等）。景观是关于土地和户外空间设计，是建立在广泛的自然科学和人文艺术学科基础之上的应用学科，核心就是协调人与自然界的合一天人关系。它涉及气候学、风水学、材料学、地理学、植物学等自然要素，也包含了人为建造物、传统历史、风俗习惯、地方特色等。设计时要顺应自然的环境，合理利用土壤、植被和其他自然资源，依靠可再生能源，再充分利用好阳光、自然通风与降水，尽可能地选用当地的景观材料，特别是注重乡土的运用及材料的可持续循环、注重生态发展等。

今天，我们学习景观设计，除对中西文化意识形态文明多了解外，就是把握当下设计项目和业主与客户沟通后要达到的共同目的。20 世纪一位建筑师勒·柯布西耶，他对景观设计的发展有着自己的理解，他提倡现代花园中民主的设计思想，认为采用阳光、空气、植被及新型钢架和混凝土的建造形式，能够体现自由、平等的理念。1952 年在巴黎"国际现代工艺美术展"上，柯布西耶设计了一栋小住宅——"新精神住宅"。整座建筑物中央设计了一个有着大玻璃窗的起居室，周围围绕着一些小的私密空间。由于基地有一株大树，他在建筑屋顶开了一个圆洞，让大树穿顶而过，体现了建筑与环境的紧密结合。再者，在建筑环境四季景观中，春要看到花海、夏要看到叶荫、秋要看到丰果、冬要看到茵绿……

所以，景观是由场所来构成的，而场所的结构又是通过景观来表达的。景观设计是人类精神活动的重要组成部分，很强调精神文化的内涵。

学习中，要多加强艺术知识与文化修养的积淀，尽可能地多一点博古通今的"艺术人文通才知识"，使景观设计，从四季植被到筑物精神，从文化涵养到可持续发展，做到全位的文明科学地诠释。

景观园艺主要材料为：

（一）新型景观园艺塑木：1. 塑钢木　2. 生态木　3. 防腐木

（二）景观园艺材料：1. 太湖石　2. 风化石　3. 灵璧石

（三）景观园艺护栏、院门：1. PVC 塑料花园、草皮、景观道护栏、铝型材花园护栏

（四）景观园艺小品：1. 市政公共景观　2. 楼盘小区景观　3. 名胜公共景观　4. 临时会议景观等

塑钢木

生态木

防腐木

PVC 塑料、铝合金护栏

太湖石

风化石

灵璧石

第四章　园林景观　心怡演绎

1. 园林景观设计注意事项及园艺植树
2. 种植与移植
3. 乔木
4. 灌木
5. 时花
6. 时草

❶　园林景观设计注意事项及园艺植树

我们在下面的图片中不难看出，园林景观的种植是多么不易和辛苦。在园林植树时往往都是人工肩扛、人工手抬，因为施工现场多是泥泞，一是不便用工程起吊车，二是成本昂贵，三是大型起吊车进出现场行动不便。小型乔木移植尚可人挑肩扛，但大型乔木，人再多也是挪不动的，要几吨重的重型起吊车才行，故在做预算时要把请起吊车的费用计算在内。

土球带的土越多越好

大树栽下时要用有机土

大树要剪掉大量树冠

1. 在景观栽培施工中，最引人关注的是树。在购买乔木大树时，最好是春冬季节，因为此时树木还在休眠复苏期，挖树时树木不易走失水份，成活率高。大树出土时树根要带土球，土球用塑料薄膜先包裹好以防水分流失，然后再用草绳捆绑，土球带的土越多越好。

2. 大树栽下时要用有机土，而不是随便开挖。

3. 大树要剪掉大量树冠，甚至只留有树干，以防大树脱水而枯死。栽下时土球要夯实，尤其根部夯实浇透，但剪掉树冠又不太美观，所以，若要保持树冠的美丽，一定得在初春雨水多的时期栽种最好，甚至要给大树输营养液。

给树注入营养液

准备草绳，开挖土球

土球捆扎好，准备起运

大型吊车帮树木起运

运输前树列状态

运输的土球示范

用大型吊车起吊树木

用塑料薄膜包扎好根部土球

❷ 种植与移植

在景观造景中，种植、移植、包扎、运输都非常讲究，马虎不得，因为树木是有生命的，而且脆弱，须认真对待，树木离开了土壤长时间不补充水份，就会脱水枯死。常言道："人挪活，树挪死"，其意是人要随着能力的大小而适应地生存，寻求最大化地发挥自身潜能。而树，哪怕是长在墙头、石缝里的小树木都不能随意而动，因为此时树的毛细根深深插进在石缝中，一旦切断，树干补充不到土壤中的有限水分，很快就会枯死。所以，有些人认为大山上的树木可以移植下来栽种，那是不现实的。

在空旷地里移植超大树木，是一项极艰巨的事件，能不动就最好不动。但实在要挪移、异地种栽时，注意事项为：

1. 要在大树移植前一年里，围绕着大树半径1m多处铲下，挖断大树小根及众多毛细根，让大树在原地适应，埋下松软细沙并让其生长出新鲜的毛细根，此时根部直径范围就小多了，细根长短适中，而且已适应了短根的生存环境。

2. 去枝叶，而且尽可能地多去掉枝叶，若一定要百分之百的成活率，就得锯掉大部分次小树干，只剩光秃秃的大树干。样子难看，待长满蓬松树冠叶，是至少两三年后的事。对于景观来说是不壮美和遗憾的。所以在校园里，常会看到平剪、切断了树冠的大树干，并不新奇。

3. 树干切断后，要即时给切断处用塑料纸包扎好，以免雨水被树干吸进后而烂心。

4. 尽快地用大型吊车起吊，再用塑料薄膜包扎好根部土球，土球越大存活率越高。而后用稻草粗绳捆扎，以防土球土质在运输颠簸中丢失。

5. 在快速运抵目的地途中，要给大树干吊营养液注射，并不停地洒水以湿润枝叶，防脱水。

6. 到达目的地后，土坑内用新鲜有机土均铺，将大树移进树坑后，再用有机土夯实，尤其根部以下，切莫树根下有空隙，不然很难成活。最后用水洒浇透。

7. 给大树搭建遮阴凉棚，用网状编织篷布阻拦强大阳光的直射。

8. 给大树吊营养液注射，并适时给喷洒细雨，如此这般，还不能百分之百地放心。

❸ 乔木

在园林植物世界里，树种通常分落叶乔木和常绿乔木，又分观形类、观叶类、观花类、观果类等。在造景中，分北方、南方、中原片区等。比如南方的海枣类树种，是不宜在北方生存的，因为它不耐寒，相反一样。所以在景观树种设计时要认真选择，最好选用自己熟悉的本地树种，以免栽种后树木不适而造成损失。

（一）落叶乔木：

落叶乔木，指的是秋冬季节或干旱时期里全部落光树叶的乔木。有如苹果树、法国梧桐树、白杨树、山楂树、银杏树、泡桐树等。落完叶后便进入了休眠期，此时也便移植。这些树种在春夏时节又枝繁叶茂，秋中期树叶斑斓，甚美。

1. 法国梧桐树：适于华北华南。大叶片，树杆浅白橄榄绿色并散满着褐色疤痂，耐酸、碱、旱，喜光怕涝，对有毒气体有吸收能力，其外形优美，夏天成浓荫降暑，深秋时节叶子金黄，景区内做行道树非常美丽。但冬季来临时，其叶几乎全部落光，满地枯叶，清扫不易，而且其树枝上会生长出毛绒果球，毛絮随风飘扬，容易使人皮肤过敏。

法国梧桐树

银杏树

2. 银杏树：又称白果树，适于南北各地。耐旱、寒，怕湿，抗臭氧力强。小树时，树皮浅灰色，成材后，大树树皮纵直深裂，螺旋状叶片散生于枝杆之上，在短枝上丛生，叶子为扇子形状，而且有趣的是雌雄异株，常是雄株长枝斜上伸展，雌株长枝较雄株开展下垂。此树也常用于行道种植，属于观叶风景树，果子成熟时，树叶金橙黄，叶形秀丽，树龄较长。

银杏树

3. 白杨树：有多个品种，如：毛白杨、青杨、银白杨、新疆杨、钻天杨等，在不同地域为适应环境有稍许不同。适于全国片区，几乎于任何气候，在新疆、西藏这种地理位置相对生猛一点的地方，依然硕壮挺拔，成树可长 20 ~ 40m 高，树干挺直粗糙，深褐灰色，叶卵形，有大叶小叶之分，常用于广植行道树，因生长较快，故材质松软。

白杨树

4. 泡桐树：又称白花泡桐、楸叶泡桐、紫花泡桐，适于黄河及长江流域。喜光，耐寒、耐热，不耐荫，忌涝，生长飞快寿命短，有吸收有害气体之能力。树干干裂，色深灰褐。此树一般用于行道树，春生白紫花 3 ~ 4 月，果熟期 9 ~ 11 月，花个较大，10cm 余，落花时凄美，但脏乱，考虑到速生缘故，与白杨一道常与生长较慢的但有观赏性树种同栽，因泡桐、白杨长势快，易出效果，而观赏树又生长较慢，待观赏树成型后，再将泡桐白杨锯掉，从而达到造景目的。

泡桐树

5. 柳树：又称垂柳或金丝垂柳，适宜全国，属景观树种，耐热、耐旱、耐寒、喜阳、喜湿、速生。树干皱裂，土灰色，叶长形俊美。沿水而随意种植，垂丝缦纱，婆娑而生动浪漫，随风起杨时唯美多姿，楚楚动人，可极好地调解人的心情。

柳树

（二）常绿乔木：

常绿乔木，顾名思义，一年四季常绿树种，不管南方北方，都有常绿乔木，是做景观必不可少的树种。这种乔木的叶子寿命很长，大都两三年或更长，并且每年都有新叶长出并簇拥，此时老叶更替，春季一来，新老树叶又都生机盎然。

1. 深山含笑：适宜华南、西南、华东。花苞成鸡心形，芳香浸沁，可调节心情。耐碱、寒、喜光、暖、喜湿润气候。树直、叶茂，花多且大，嫩绿白，做庭院及园艺景观非常好，色、香、形俱全。

深山含笑

2. 广玉兰、白玉兰：属木兰科，适宜长江流域，喜阳、喜暖、喜湿。耐寒但不耐旱。树叶大而光滑、锃亮，花色多为白、粉红、嫩绿黄花，大而芳香。做庭院、园林、别墅等极好。

3. 棕榈：适宜黄河流域以南。耐荫、耐寒、适应性强，抗有毒气体。树型坚挺，叶呈扇散形，

广玉兰

有热带风情韵味。宜植园林及市政广场和大型商场门前，易打理、易清扫。开花 5 ~ 6 月，一般树高 10m 以下。

4. 加拿利海枣：适宜于温热地区、华南、少许华东。喜高温阳光充沛之地，不耐寒。在华东上海、江浙、江西一带也常种植，只因温热，且当今气候变暖也得小心种植细心呵护，深秋冬给

棕榈

树包裹“穿衣”。在高档楼盘、会所、大商场、市政中心等常出现。在热带地域常用于行道树。树高且粗壮，皮为鳞片状，羽片密而伸展。

加拿利海枣

5. 樟树：华东一带到处都有，遍及乡村、旷野、市区，是一种极易成活树种。适于长江流域华东六省一市片区。喜温暖湿润、喜微酸土、但不耐旱、瘠和碱土，抗害气体强。树可长几千年，农村普遍。树高 50m 左右，叶有大有小，锃亮，树干沁香，20 世纪人们专用此木做衣橱、衣箱等。果子成熟时，芳香四溢，鸟儿甚喜，果实随鸟粪四散开来，有土之地便会发芽，故到处可见小樟树苗。

樟树

6. 桂花树：8 月底 ~ 9 月中下旬，花期最香；最诱人。硬朗的绿叶间，金灿灿的点点小黄花镶嵌簇拥在茂密枝叶间，煞是好看，且芳香沁人。桂花有金桂和丹桂之分，但花形一样。适合庭荫、园艺及盆景。尤其适合于市政广场、咖啡馆、宾馆、庭园别墅。喜温暖，气体芳香，滞尘能力较佳，对氯气抗性较强。在黄河流域以南及长江流域以东、以南片区为最多。

桂花树

7. 罗汉松：生长在长江以南，华东最普遍。喜半荫、湿润，不耐寒，抗有毒气体强。株高 10 ~ 20m 余。庭阴甚好，孤植、丛植、对植。可观果和观叶，适合任何场合。

罗汉松

罗汉松

8. 龙柏：遍及全中国，喜光、稍耐荫、耐修剪、适应性极强。树形圆柱，适宜庭荫树，对植、绿篱等。

龙柏

9. 雪松：高大、雄伟、挺拔、宝塔状，一般用于严肃的场合，如公检法门前，烈士陵园、市政广场、公园造大场景等。株高 30m 左右，喜光、耐半阴、耐寒、不耐积水。生长于华北、华东、东北、西北地区，而且一年四季郁郁葱葱，给人以安全感。尤其在大雪纷飞，漫天飘舞时，更显得伟岸，更显苍劲。有诗赞曰："大雪压青松，青松挺且直"。

雪松

❹ 灌木

（一）常绿灌木：

灌木常绿并非是灌木叶不会枯死，而是本生叶子生长期较长，来年再生新叶时悄悄替换不被人们注意而以。常绿灌木为景观必不可少的材料，作为行道栽培，主景、点缀都是非常的理想。

1. 杜鹃花（又名映山红）：广泛生于中国长江流域以及珠江流域广袤地区，每年 4 ～ 6 月间，生长旺盛开花满山遍野，着实喜人。在中国近代军事历史上，杜鹃花被赋予了新的含义，是革命烈士用鲜血染红的，当然这是美好的寓意。

杜鹃花呈粉红色、玫瑰色，也有白色等，上有紫色斑点，杜鹃花普遍常见为低矮灌木，但在井冈山的最美最险之笔架山上的茂林里，杜鹃花都长成了小乔木，实属难见，故每年为此都有“井冈山杜鹃花节”。杜鹃花喜湿暖、耐酸土，但不耐寒。适合于各种园林景观，杜鹃花也适合家庭做盆景。

杜鹃

2. 苏铁：又名铁树。生长在华南、华东、西南等，基本上温热一点之地都有，生长顽强，喜光、喜暖，爱湿润气候，耐酸、不耐寒。适于大盆景和园林景观，常见在大公司、大企业门前与石狮搭配，难得开花。

苏铁

3. 瓜子黄杨：又名黄杨，广植于华东、华中一带。叶片似瓜子形状得名，做景观绿篱和景观隔色用，非常广泛而普遍。高可 2 ～ 5m，喜光、喜温暖和湿润，耐酸但不耐寒。

瓜子黄杨

4. 冬青：分布很广，广植于长江流域，喜光、喜湿、耐荫、耐修剪。常作为绿蓠及围墙边做景观造景用，对于 SO_2 抗性强，适合种植于较污染区域。

冬青

5. 八角金盘：名字透着富裕。广泛植于华南、华东地区。喜潮湿及半荫，因为它常种植于大桥下或不宜人踩踏之地。树姿优美，绿叶摇曳，八片叶有棱有形呈伞状，冬季开花，种子次年夏初成熟，可长到 1m 余。

八角金盘

6. 红花檵木：耐少许荫、喜暖、耐酸，适应性强，也是人们喜爱之灌木，尤其在春深 4 ~ 5 月间姹紫嫣红，让人流连忘返。在长江流域及华南、华东地区花开时，公园里色彩斑斓。花开过后叶为铁锈暗红，少了一点色彩。

红花檵木

7. 橘树：遍及于长江流域以南。人们极喜爱的果树，易栽易成活。喜暖、喜沃土，但怕寒。开黄白花，4 ~ 5 月就有香气，果实橙红黄偏圆球状。适合公园景观及别墅。

桔树

（二）落叶灌木：

灌木是低矮的丛生植物，每年深秋冬初都落叶，乱糟糟、光秃秃，显得蓬乱而且易火患，在来年新春时又精神抖擞，新鲜欲滴，叶嫩可人。灌木一般作为景观的层次搭配，再是行道栽培，灌木颜色多种多样，形态各异。

1. 牡丹：国花，雍容、富贵，花形妖娆。牡丹阳性耐寒，不耐积水，对土壤要求排水良好才能生长茁壮。4 ~ 5 月间开红、白、黄、紫等色彩花朵，分外映丽，是大型主题会议的会场摆置之理想植物。逢年过节、盆景栽种、公园景观、市政景观必不可少。主要分布于华北、西北。

牡丹

2. 迎春花：叶绿茎长且摇曳，开小黄花，葱郁可人，常景观于水边、太湖石边，景观雕塑边，有时作为公路中间的隔断绿篱，遍布于华北以南。喜光、稍耐荫、耐寒、耐旱、耐碱，但怕涝。2 ~ 4 月先叶开放，而再是金黄点点，煞是喜人。

迎春花

3. 紫薇：花形拥簇，色泽为红、白、紫红等，可将枝杆任意造型，或做成花径拱门，或做成花瓶造型等。广植于华北、华南、西南、华东等地。喜光、耐旱、稍耐阴、喜碱性土、有滞尘及吸收有害气体的能力。

紫薇

❺ 时花

时花，也即时令花、当季花，时间很短，主要用作节日气氛，营造氛围，比如玫瑰代表谈情说爱、月季代表师生情谊、百合代表尊长、一串红代表事业红火、栀子花代表友好、蝴蝶花代表天真烂漫、菊花代表思念之情等等。

1. 玫瑰：总是给人以联想，总是给人以希望，也是一切美好事物的代言，常言，赠人玫瑰，手留余香。在情人节当天，身价倍增。

花朵有紫红、粉红、嫩白，芳香四溢，花形娇美，一般长势 1 ~ 2m。适合盆景、庭植、丛植、花篱、花坛、市政、公园等，运用广泛。喜光、耐寒、耐旱、但不耐积水。

玫瑰

2. 月季：月季与玫瑰常弄混，但还是有明显特征。月季几乎全国都有，较为普遍。喜阳光、好温湿、耐寒。花为紫红、红色、嫩白，株高与玫瑰同。

月季

一串红

3. 一串红：遍及华夏，花红似火。每年 7 ~ 10 月花色最艳。适宜花坛、花带、盆栽、大型市政活动造势、造景。喜疏松沃土，耐半荫，但不耐寒。

鸡冠花

4. 鸡冠花：遍及全国，喜干热、喜阳光、不耐寒。花色红、白、橙黄等。像公鸡鸡冠而得名。适于盒栽、花坛或制成干花长期造景。

菊花

5. 菊花：有很多种类，中华大地金秋 10 月上下时节，处处金黄灼灼，大地飘香。适合大型活动造势、造景、耐寒、喜凉爽、喜蓬松沃土，但花期不是很长。

睡莲

6. 睡莲：水生植物，春夏最旺，生于华东、华南等水塘、水池里。喜阳光、喜水质好、不耐旱、不耐寒。

❻ 时草

时草，指我们常见的任何草、各种草，有些草一年四季常青，总是绿油油，生机勃勃，而且在冬天里，雪花覆盖，偶尔露几簇葱郁绿叶，现得生机盎然，仿佛春天即将来临。

1. 马蹄筋草：又叫金钱草，是旋花科，属多年生草本，优良的观赏型地皮植物。有较多的匍匐茎，节间着地即可生根，叶片小，呈马蹄状；花淡黄色。生长底矮、致密、持绿期较长、侵占性极强、耐热、耐荫湿。冬季温度在 –8℃时，马蹄筋仍能安全越冬，它又能耐一定的炎热和高温，在 42℃时，能安全越夏。一旦建植成坪便旺盛生长，颜色翠绿，景色宜人。马蹄筋对土壤无特殊要求，只要不积水即可，适于东南区域。但不经踩，一脚下去要一两天才能再撑起来，常用作政府门前花台及宾馆造景等。

马蹄筋草

2. 黑麦草：多年生草本，是早熟禾科植物，约10种。丛生，根系发达，须根主要分布于15cm表土层中，分蘖众多，单株栽培情况下可达250～300个或更多。秆直立，高80～100cm。叶狭长，长4～50cm，宽2～4mm，深绿色，幼时折叠。喜荫稍耐寒。常用在荫处，以填补大树根部、桥下等太阳光不能很好照射之地。

黑麦草

3. 马尼拉草：学名沟叶结缕草，俗称台北草、菲律宾草、马尼拉草、半细叶结缕草。草本，地生，半细叶，总状花序；翠绿色，观赏价值高，宜在深厚肥沃、排水良好的土壤中栽培。广泛分布于亚洲、大洋洲的热带和亚热带地区，中国福建、广东、广西等地有野生种群。马尼拉草几乎遍及全球，冬季枯黄，来年复又生。

马尼拉草

4. 爬山草：又名爬山虎，在医学上有祛风通络、活血解毒、治疗风湿关节痛、外用跌打损伤、痈疖肿毒的作用。爬山草常分布于岩石、大树或墙壁上。原产于亚洲东部、喜马拉雅山区及北美洲，几乎遍及我国各地区。

爬山草

5. 芦苇草：系水生植物，喜临水而茂盛，遍及全国。适合公园造景，景观造景。不耐寒、不耐旱，但婆娑摇曳，楚楚动人。

芦苇草，又称蒹葭，沙地最普通的植物。禾本科。多年生草本。地下有粗壮匍匐的根状。叶片广披针形，排列成两行。夏秋开花，圆锥花序长10～40cm，分枝稍伸展。生长于池沼、河岸、湖边、水渠、路旁。杆可作造纸和人造棉、人造丝原料、也供织席、帘等用。每年8月间是芦苇的开花季节，花絮漫天飘舞，像蒙蒙的细雪，甚是好看。古代诗人曾有一首赞美芦花的诗："苍茫沙嘴鹭鸶眠，片水无痕浸碧天。最爱芦花经雨后，一篷烟同伴渔船"。

芦苇草

6. 散尾葵（又名黄椰子、紫葵）：散尾葵常绿婆娑优美，摇曳生风，形貌映丽，适合开会场合或居家摆设，或宾馆造景等。株 2 ~ 4m，喜荫、耐湿、不耐寒、不耐旱。茎干光滑，黄绿色，无毛刺，嫩时披蜡粉，上有明显叶痕，纹状呈环。叶面滑而细长，羽状全裂，长 40 ~ 150 厘米，叶柄稍弯曲，先端柔软。

性喜温暖湿润、半阴且通风良好的环境，原产非洲马达加斯加岛，为中国南方一些园林单位常见栽培。

散尾葵

7. 凤尾竹（又名观音竹）：是孝顺竹的一种培育园艺变种，是簕竹属的一种观赏品种，植株丛生，高 2 ~ 3m，茎的直径约为 5 ~ 10mm，常绿，每节有多数枝条，枝条节上有小枝，每个小枝上生有十数枚叶，叶片小，枝条顶端呈弓形弯曲，如同鸟的长尾羽，具有观赏性。在中国的长江以南各地。喜光，稍耐阴，喜温暖湿润的气候，喜欢半通风和半阴，冬天应该搬到室内有阳光的地方。凤尾竹喜向阳高爽之地，有“向阳则茂，宜种高台”之说，但也能耐阴，可作为室内观叶赏姿的理想装饰。春、夏、秋三季只需放置在窗口通风处，入冬放置在向阳处，就可良好生长。地栽的凤尾竹，春后抽长新叶（这是畏寒之反映），在暖地则四季常青。

凤尾竹

园林造景，景观绿化岂是以上上百拾种乔木、灌木、时花、时草所能表达的。远远不够，挂一漏万，在此旨在引导大家如何去认识园林造景、园艺植被，引领兴趣。

园林绿化兼有城市环境绿化、净化、彩化、香化、美化、情化等多方位生态功能，只有拥有足够多种类数量及个体数量规模的树木，才有可能使上述环境效益得到充分发挥。

造景筑园林，强调“适地、适树、适花、适草”才有可能最大化不浪费、不损失。

我们要科学地、巧妙地、完美地搭配和组合树种、时花及草种，要科学地利于水资源营造风水气氛，达到四季常青，四季繁花，努力为人们提供观绿、观花、观形、观态、观势、观叶、观果、观藤、闻香等一切沁然之怡的有意义的享受。

第五章　规范标准　工程图标

1. 标准建筑装饰施工工程图标、标注符号集
2. 建筑装饰标准规范预算参考范本
3. 建筑装饰工程设计合同参考范本
4. 室内装饰装修工程施工合同参考范本

❶ 标准建筑装饰施工工程图标、标注符号集

材料代号

材料	符号	材料	符号
钢	ST	铜	BR
熟铁	WI	金属	H
玻璃	GL	皮革	PG
布艺	V	窗帘	WC
壁纸	WP	壁布	WV
地毯	CPT	木材	WD
瓷砖	CEM	设备	EQP
灯光	LT	灯饰	LL
卫浴	SW	石膏板	GB
防火板	FW	人造石	MS
花岗石	GR	可丽耐	COR
石灰岩	LIM	三夹板	PLY-03
大理石	MAR	五夹板	PLY-05
不锈钢	SST	九夹板	PLY-09
马赛克	MOS	十二夹板	PLY-12
铝合金	LU	涂料，油漆	PT
压克力	AKL	细木工板	PLY-18
铝塑板	SL	轻钢龙骨	QL
艺术品	ART	家私布艺	FV
陈设品	DEC		

消防、空调、弱电、开关插座

条型风口	喷淋	插座面板	电话接口
回风口	烟感	电视接口	双联开关
	S		
出风口	温感	三联开关	单联开关
	W		
检修口	电视接口	地插座	二极扁圆插座
	V		
排气扇	电脑接口	二三极扁圆插座	二三极扁圆插座
	C		L
消防出口	电话接口	二三极扁圆地插座	二三极扁圆插座
EXIT	T		H
消防栓	监控头	带开关二三极插座	普通型三极插座
HR			
吸顶扬声器	防火卷帘	三相四极插座	防溅二三极插座
	F		
四联单控翘板开关	三联单控翘板开关	双联单控翘板开关	单联单控翘板开关
单联双控翘板开关	双联双控翘板开关	三联双控翘板开关	四联双控翘板开关
声控开关	配电箱	弱电综合分线箱	电话分线箱

符号及文字规范

序号	符号	符号名
1	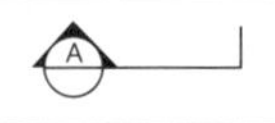	平面剖切索引（符）号
2		立面索引（符）号
3		节点剖切索引（符）号
4	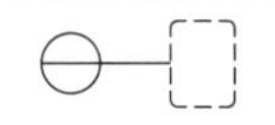	大样索引（符）号
5	① 立面图 S=1:□□	立面图号
6	Ⓐ 剖立面图 S=1:□□	剖立面图号
7	Ⓐ 大样图 S=1:□□	大样图号
8	① 节点图 S=1:□□	断面图、节点图号
9	□□图 S=1:□□	图标符号
10		材料索引（符）号
11		灯光、灯饰索引（符）号
12		家具索引（符号）
标注形式	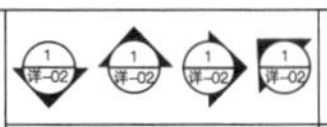	

	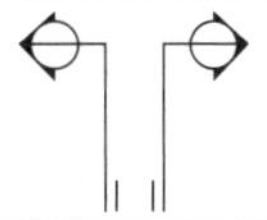	

备注：

三角方向是着随立面的投视方向而变的，但是圆中水平直线以及字母数字永远都不能随意变方向。上、下圆内的表述内容不能随意颠倒。而且，立面编号宜采用按顺时针顺序连排，还可以数个立面索引符号组成一整体

线型及线宽

名称	线型	主要用途
粗实线	——	1. 平、剖面图中被剖切的主要建筑构造（包括构配件）的轮廓线。 2. 室内立面图的外轮廓线。 3. 建筑装饰构造详图中被剖切的主要部分的轮廓线。
中实线	——	1. 平、剖面图中被剖切的次要建筑构造（包括构配件）的轮廓线。 2. 室内平顶、立、剖面图中建筑构配件的轮廓线。 3. 建筑装饰构造详图及构配件详图中一般轮廓线。
细实线	——	1. 小于粗实线一半线宽的图形线、尺寸线、尺寸界限、图例线、索引符号、标高符号等。
中虚线	——	1. 建筑构造及建筑装饰构配件不可见的轮廓线。 2. 室内平面图中的上层夹层投影轮廓线。 3. 拟扩建的建筑轮廓线。 4. 室内平面、平顶图中未剖切到的主要轮廓线。
细虚线	——	图例线，小于粗实线一半线宽的不可见轮廓线。
点划线	—·—	中心线、对称线、定位轴线。
折断线		不需画全的断开界线。
波浪线		1. 不需要画全的断开界线。 2. 构造层次的断开界线。
双党划线	—··—	假想轮廓线、成型前原始轮廓线。

材质符号		材质类型	
		石材	封地面、墙面
		钢筋混凝土	现浇地面、墙面及坚固建筑体
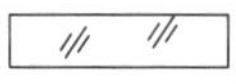		清玻璃	做窗、隔断、天棚（清玻璃刻、钢化玻璃做商场墙面、扶手护栏等。）
		五夹板	封表面并做大弯弧
		九夹板	封表面处理
		密度板	做平面造型及可承重
		垫木、木砖、木龙骨	吊顶、隔断、造型
		石膏板	吊顶、隔断封表面

本规范图标摘自中国建筑工业出版社《室内建筑工程制图》

❷ 建筑装饰标准规范预算参考范本

《建筑装饰设计收费标准》编写单位及个人

主编单位：中国建筑装饰协会

参编单位：苏州金螳螂建筑装饰股份有限公司
浙江亚厦装饰股份有限公司
深圳广田装饰集团股份有限公司
北京清尚建筑装饰工程有限公司
深圳市建筑装饰（集团）有限公司
中建装饰设计研究院有限公司
上海现代建筑装饰环境设计研究院有限公司
德才装饰股份有限公司
北京弘高建筑装饰工程设计有限公司
北京筑邦装饰工程有限公司
上海新丽装饰工程有限公司
重庆港庆建筑装饰有限公司
中国建筑装饰协会设计委员会

编写顾问：李秉仁 刘晓一
主编人员：吴 晞 刘 原 单 波
参编人员：王 铁 孟建国 丁域庆 姜 樱 肖 平
朱 飚 李中卓 凌 惠 沈立东 王传顺
黄 磊 张 磊

中国建筑装饰协会关于发布《建筑装饰设计收费标准》的通知

（2014 年 12 月 10 日）

各省、自治区、直辖市建筑装饰协会，解放军建筑装饰协会，各有关单位：

为进一步完善建筑装饰设计收费标准，规范建筑装饰设计收费行为，中国建筑装饰协会在参照原国家发展计划委员会和原建设部共同编制的《工程勘察设计收费标准（2002 年修订本）》以及在进行了大量调研工作的基础上，经过专家组深入的讨论、研究，制定了《建筑装饰设计收费标准》（以下简称《标准》），现予以发布，自 2014 年 12 月 10 日起施行。

在本《标准》施行前，已完成工程设计合同工作量 50% 以上的，设计收费仍按原合同执行；已完成工程设计合同工作量不足 50% 的，设计收费由发包人与设计人按实际完成的工作量，经双方协商后确定。

中国建筑装饰协会

2014 年 12 月 10 日

编 制 说 明

1. 中国建筑装饰行业经过30年的发展，从计划经济时比较粗放的管理到目前企业完全与市场接轨，建筑装饰设计也从行业起步早期对建筑的室内外美化设计发展到对建筑工程的二次设计。建筑装饰设计的工作还涉及建筑、结构、给排水、暖通空调、电气等不同专业，更重要的是建筑装饰设计完成了建筑艺术的再创作。一大批在业界具有影响力的设计师以他们出色的工作业绩，在促进中国新型城镇化建设的大潮中，显示了他们的才华和创造力。自20世纪80年代，由原建设部下发了建设工程室内设计专项资质及后来的设计施工一体化资质之后，一个相对独立的、专业设计工作任务更加明确的、以建筑装饰设计为标的、独立承接建筑装饰设计项目的行业已经形成。为此，由中国建筑装饰协会牵头，编制了本《建筑装饰设计收费标准》。

2. 由原国家发展计划委员会和原建设部共同制定的《工程勘察设计收费标准（2002年修订本）》（以下简《02标准》）是长期以来政府主管部门指导我国工程勘察设计收费的唯一文件。在延续使用十余年之后，因市场条件的变化、技术的进步更新、物价和人力资源成本的上涨，《02标准》亟待修订和完善。由于《02标准》对建筑装饰设计条款的描述简单、分类不全、套用等级不准确，导致建筑装饰设计项目在使用《02标准》时，甲、乙双方对计价确认的差距较大。但是，《02标准》的科学体系仍应继续维持，本《标准》中“按建筑装饰工程造价收费的标准”细化了《02标准》的计算方法。

3. 长期以来一些建筑装饰设计的发包人和设计人均认为，建筑装饰设计按不同类型空间的使用功能和专业化程度，可按建筑装饰工程设计面积计算设计费单价。特别是在非政府投资的项目中，按不同档次和类型的建筑装饰工程设计面积计算设计费报价已经被广泛采用。在实际工作中，这是一种简便易行的定价方法。因此，本《标准》中“按建筑装饰工程设计面积收费的标准”是在对全国具有相关设计资质的企业进行调研后，制订的以建筑装饰工程设计面积计算单位报价的方法。

4. 名词解释：《标准》所指的建筑装饰为室内装修、室内装饰、建筑外观等相关设计内容建筑。建筑装饰工程设计面积是指涉及建筑装饰的建筑面积。

5. 在此次编制《建筑装饰设计收费标准》的过程中，以下单位给予了大力支持：

（1）北京清尚建筑装饰工程有限公司；
（2）北京筑邦建筑装饰工程有限公司；
（3）中建装饰设计研究院有限公司；
（4）北京弘高建筑装饰工程设计有限公司
（5）北京业之峰诺华装饰股份有限公司；
（6）金螳螂建筑装饰股份有限公司；

（7）江苏信达装饰工程有限公司；
（8）浙江亚厦装饰股份有限公司；
（9）上海现代建筑装饰环境设计研究院有限公司；
（10）上海新丽装饰工程有限公司；
（11）深圳广田装饰集团股份有限公司；
（12）深圳市晶宫设计装饰工程有限公司；
（13）深圳市建筑装饰（集团）有限公司；
（14）深圳市鹏润装饰工程有限公司；
（15）深圳市中孚泰文化建筑建设股份有限公司；
（16）青岛德才装饰股份有限公司；
（17）青岛海尔家居集成股份有限公司；
（18）青岛东亚建筑装饰有限公司；
（19）厦门辉煌装修工程有限公司；
（20）合肥浦发建筑装饰工程有限责任公司。

在此特别感谢。

中国建筑装饰协会

2014 年 12 月

建筑装饰设计收费管理规定

第一条：为了规范建筑装饰设计收费行为，维护发包人和设计人的合法权益，根据《中华人民共和国价格法》以及有关法律、法规，参照《工程勘察设计收费标准（2002 年修订本）》制定本规定及《建筑装饰设计收费标准》。

第二条：本规定及《建筑装饰设计收费标准》，适用于中华人民共和国境内建筑装饰工程的设计收费。

第三条：《建筑装饰设计收费标准》是对建筑装饰设计行业收费依据的补充和完善。使用《建筑装饰设计收费标准》的设计机构．应具有中华人民共和国住房和城乡建设部颁发的建筑行业（建筑工程设计）甲级、建筑装饰工程设计专项甲级、建筑装饰工程设计与施工（一体化）一级资质。上述具有设计资质的企业在与发包人独立签订合同时，可选择按建筑装饰工程造价收费的标准，也可选择按建筑装饰工程设计面积收费的标准。在设计施工一体化资质企业和具有设计资质的施工企业与发包人签订的合同中，在既有设计任务，也有施工任务时，设计与施工工程应分别签约。其他资质等级的设计企业可参照本规定和《建筑装饰设计收费标准》执行。

第四条：建筑装饰工程设计的发包与承包应当遵循公开、公平、公正、自愿和诚实信用的原则。依据《中华人民共和国招标投标法》和《建设工程勘察设计管理条例》，发包人有权自主选择设计人，设计人自主决定是否接受委托。

第五条：发包人和设计人应当遵守国家有关价格法律、法规的规定，维护正常的价格秩序。

第六条：实行按工程造价收费标准的建筑装饰设计收费，其基准价应根据《建筑装饰设计收费标准》中“按建筑装饰工程造价收费的标准”计算；实行按设计面积收费标准的建筑装饰设计收费，应按《建筑装饰设计收费标准》中“按建筑装饰工程设计面积收费的标准”计算。除本规定第七条另有规定者外，浮动幅度为上下 20%。发包人和设计人应当根据工程项目的实际情况在规定的浮动幅度内协商确定收费额。

第七条：建筑装饰设计收费应当体现优质优

价的原则。凡在工程设计中采用新技术、新工艺、新设备、新材料，有利于提高建设项目经济效益、环境效益和社会效益的，发包人和设计人可以在上浮30%的幅度内协商确定收费额。

第八条：设计人应当按照《关于商品和服务实行明码标价的规定》，告知发包人有关服务项目、服务内容、服务质量、收费依据以及收费标准。

第九条：建筑装饰工程设计费的币种、金额以及支付方式，由发包人和设计人在《建筑装饰工程设计合同》中约定。

第十条：设计人提供的设计文件，应当符合国家规定的工程技术质量标准，满足合同约定的内容、质量等要求。

第十一条：由于发包人原因造成的建筑装饰设计工作量增加，发包人应当向设计人支付相应的工程设计费。

第十二条：建筑装饰工程设计质量达不到本规定第十条规定的，设计人应当返工。由于返工增加工作量的，发包人不再另外支付设计费。由于设计人工作失误给发包人造成经济损失的，应当按照合同约定承担赔偿责任。

第十三条：本规定及《建筑装饰设计收费标准》，由中国建筑装饰协会设计委员会负责解释。

第十四条：本规定自2014年12月10日起施行。

按建筑装饰工程造价收费的标准

I. 总则：

1.1 建筑装饰设计收费是指设计人根据发包人的委托，提供编制工程项目方案设计文件、施工图设计文件、非标准设备设计文件、施工图预算文件、竣工图文件等服务所收取的费用。

1.2 建筑装饰设计收费采取按照工程项目概算投资额分档定额的计费方法计算收费。

1.3 建筑装饰设计收费按照下列公式计算：

1.3.1 工程设计收费 = 工程设计收费基准价 ×（1 ± 浮动幅度值）

1.3.2 工程设计收费基准价 = 基本设计收费 + 其他设计收费

1.3.3 基本设计收费 = 工程设计收费基价 × 专业调整系数 × 工程复杂程度调整系数 × 附加调整系数。

1.4 工程设计收费基准价

工程设计收费基准价是按照本收费标准计算出的工程设计基准收费额，发包人和设计人根据实际情况，在规定的浮动幅度内协商确定工程设计收费合同额。

1.5 基本设计收费

基本设计收费是指在工程设计中提供编制方案设计、初步设计文件、施工图设计文件收取的费用，并相应提供设计技术交底、解决施工中的设计技术问题、竣工验收等服务。

1.6 其他设计收费

其他设计收费是指根据工程设计实际需要或者发包人要求提供相关服务收取的费用，包括总体设计费、主体设计协调费、采用标准设计和复用设计费、施工图预算编制费、竣工图编制费等。

1.7 工程设计收费基价

工程设计收费基价是完成基本服务的价格。工程设计收费基价在表4《建筑装饰设计收费基价表》中查找确定，计费额处于两个数值区间的，采用直线内插法确定工程设计收费基价。

1.8 工程设计收费计费额

工程设计收费计费额为经过核准的工程项目设计概算中的建筑装饰工程费、设备施工器具购置费和联合试转运费之和。

工程中有利用原有设备的，以签订工程设计合同时同类设备的当期价格作为工程设计收费的计费额；工程中有缓配设备。但按照合同要求以既配设备进行工程设计并达到设备安装和工艺条件的，以既配设备的当期价格作为工程设计收费的计费额；工程中有引进设备的，按照购进设备的离岸价折换成人民币作为工程设计收费的计费额。

1.9 工程设计收费调整系数

工程设计收费标准的调整系数包括：专业调整系数、工程复杂程度调整系数和附加调整系数。

1.9.1 专业调整系数是对不同专业建设项目的工程设计复杂程度和工作量差异进行调整的系数。计算建筑装饰设计收费时，专业调整系数均按 1.0 计算。

1.9.2 工程复杂程度调整系数是对同一专业不同建设项目的工程设计复杂程度和工作量差异进行调整的系数。工程复杂程度分为一般、较复杂和复杂三个等级，其调整系数分别为：一般（Ⅰ级）0.85；较复杂（Ⅱ级）1.0；复杂（Ⅲ级）1.15。计算工程设计收费时，工程复杂程度在表 2《建筑装饰工程复杂程度表》中查找确定。

1.9.3 附加调整系数是对专业调整系数和工程复杂程度调整系数尚不能调整的因素进行补充调整的系数。附加调整系数分别列于总则和表 3《建筑装饰工程附加调整系数表》中查找确定。附加调整系数为两个或两个以上的，附加调整系数不能连乘。应将各附加调整系数相加，减去附加调整系数的个数，加上定值 1，作为附加调整系数值。

1.10 改扩建和技术改造装饰工程项目，附加调整系数为 1.1 ~ 1.4。根据装饰工程设计复杂程度确定适当的附加调整系数，计算装饰工程设计收费。

1.11 初步设计之前，根据技术标准的规定或者发包人的要求，需要编制总体设计的，按照该建设项目基本设计收费的 5%加收总体设计费。

1.12 建设项目工程设计由单个或者两个以上设计人承担的，其中对建设项目工程设计合理性和整体性负责的设计人，按照该建设项目基本设计收费的 5%加收主体设计协调费。

1.13 工程设计中采用标准设计或者复用设计的，按照同类新建项目基本设计收费的 30%计算收费；需要对原设计做局部修改的，由发包人和设计人根据设计工作量协商确定工程设计收费。

1.14 编制工程施工图预算的，按照该建设项目基本设计收费的 10%收取施工图预算编制费；编制工程竣工图的，按照该建设项目基本设计收费的 8%收取竣工图编制费。

1.15 建筑装饰设计中采用设计人自有专利或者专有技术的，其专利和专有技术收费由发包人与设计人协商确定。

1.16 建筑装饰设计中的引进技术需要境内设计人配合设计的，或者需要按照境外设计程序和技术质量要求由境内设计人进行设计的，工程设计收费由发包人与设计人根据实际发生的设计工作量，参照本标准协商确定。

1.17 由境外设计人提供设计文件。需要境内设计人按照国家标准规范审核并签署确认意见的，按照国际对等原则或者文际发生的工作量。协商确定审核确认费。

1.18 设计人提供设计文件的标准份数。方案设计为 3 份，初步设计、总体设计分别为 8 份，施工图设计、非标准设备设计、施工图预算、竣工图分别为 8 份。发包人要求增加设计文件份数的，由发包人另行支付印制设计文件工本费。工程设计中需要购买标准设计图的，由发包人支付购图费。

1.19 本标准不包括本总则第 1.1 条以外的其他服务收费。其他服务收费，国家有收费规定的，按照规定执行；国家没有收费规定的，由发包人与设计人协商确定。

2. 建筑装饰工程设计

2.1　建筑装饰工程设计范围

适用于建筑装饰工程设计及相关服务。建筑装饰工程设计包含：室内装修、室内装饰、建筑外观设计等相关内容。

2.2　建筑装饰工程各设计阶段工作量比例

2.3　建筑装饰工程复杂程度

2.4　建筑装饰设计的附加系数

建筑装饰工程各设计阶段工作量比例表　　表 1

工程类型＼设计阶段		方案设计		施工图设计	
		概念设计（%）	方案设计（%）	初步设计（%）	施工图设计（%）
建筑装饰工程	Ⅰ级		50		50
	Ⅱ级	20	30	20	30
	Ⅲ级	20	30	25	25

注：提供两个以上设计方案．且达到规定内容和深度要求的，从第二个设计方案起，每个方案按照方案设计费的 50% 另收方案设计费。

建筑装饰工程复杂程度表　　表 2

等级	工程设计条件
Ⅰ级	1. 功能单一、技术要求简单的小型公共建筑的建筑装饰工程，如：相当于二星级酒店及以下标准的住宅、办公楼、商店、图书馆、餐厅等。 2. 简单的设备用房及其他配套用房工程。 3. 简单的建筑室外装饰工程。
Ⅱ级	1. 大中型公共建筑的建筑装饰工程，如：相当于三星级酒店标准的高档住宅、酒店、办公楼、影剧院、游乐场、商场、图书馆、咖啡厅等。 2. 技术要求较复杂或有地区性意义的小型公共建筑工程。 3. 仿古建筑、一般标准的古建筑、保护性建筑以及地下建筑工程。 4. 一般标准的建筑室外装饰工程。
Ⅲ级	1. 高级大型公共建筑的建筑装饰工程，如：相当于四、五星级及以上标准的豪华住宅及别墅、酒店、会所、夜总会、餐厅、博物馆、办公楼、医院、航空港、商业空间等。 2. 技术要求复杂或具有经济、文化、历史等意义的省（市）级中小型公共建筑工程 3. 高标准的古建筑、保护性建筑和地下建筑。 4. 高标准的建筑室外装饰工程。 5. 高级特殊声学装修工程。

注：大型建筑工程指建筑装饰工程设计面积 20001m^2 以上的建筑，中型指 5001 ~ 20000m^2 的建筑，小型指 5000m^2 以下的建筑。

建筑装饰设计相关工程的附加系数表　　表 3

序号	相关工程类别或服务内容	计费额	附加调整系数
1	建筑装饰设计	建筑装饰设计概算	1.5
2	机电设备专业二次深化设计	建筑装饰设计概算	1.2 ~ 1.3
3	室内家具、陈设艺术设计（深度为方案阶段）	建筑装饰设计概算	1.1 ~ 1.3
4	建筑环境艺术照明设计	建筑装饰设计概算	1.2 ~ 1.3
5	建筑外装饰设计（深度为方案阶段）	建筑装饰设计概算	1.1
6	建筑标识系统设计（深度为方案阶段）	建筑装饰设计概算	1.1

注：1. 古建筑、仿古建筑、保护性建筑等，根据具体情况，附加调整系数为 1.3 ~ 1.6。

2. 智能建筑弱电系统设计，以弱电系统设计概算为计费额，附加调整系数为 1.3。

3. 特殊声学装修设计，以声学装修的设计概算为计费额，附加调整系数为 2.0。

3. 建筑装饰设计收费基价

建筑装饰设计收费基价表

建筑装饰设计收费基价表（单位：万元）　　　　表 4

序号	计费额	收费标准
1	200	9.0
2	500	20.9
3	1000	38.8
4	3000	103.8
5	5000	5163.9
6	8000	249.6
7	10000	304.8
8	20000	566.8
9	40000	1054.0
10	60000	1515.2
11	80000	1060.1
12	100000	2393.4
13	200000	4450.8

注：计费额 > 200000 万元的，由发包人与设计人双方协商确定设计费。

按建筑装饰工程设计面积收费的标准

1. 总则：

1.1　建筑装饰设计收费是指设计人根据发包人的委托，提供编制工程项目方案设计文件、施工图设计文件、非标准设备设计文件、施工图预算文件、竣工图文件等服务所收取的费用。

1.2　按建筑装饰工程设计面积收费的标准见表5。

1.3　建筑装饰工程不同设计阶段的工作量比例可参照表 1。

1.4　发包方与设计人可根据委托项目的设计面积、复杂程度、建筑类型协商确定收费额。建筑装饰工程复杂程度可参照表 2。

1.5　编制工程施工图预算的，按照该建设项目协商设计收费的 8% 收取施工图预算编制费；编制工费；编制工程竣工图的，按照该建设项目协商设计收费的 7% 收取竣工图编制费。

1.6　设计人提供设计文件的标准份数，方案设计为 3 份，初步设计、总体设计分别为 8 份，施工件设计、非标准设备设计、施工图预算、竣工图分别为 8 份。发包人要求增加设计文件份数的，由发包人另行支付印制设计文件工本费。

1.7　本收费标准不包括本总则第 1.1 条以外的其他服务收费。其他服务收费，国家有收费规定的，按照规定执行；国家没有收费规定的，由发包人与设计人协商确定。

2. 按建筑装饰工程设计面积收费的标准

按建筑装饰工程设计面积收费标准　　表 5

项目类别	Ⅰ级 收费标准（元/m²）	Ⅱ级 收费标准（元/m²）	Ⅲ级 收费标准（元/m²）
酒店	100	200	400
商业	80	150	220
办公	80	120	180
展陈	200	300	420
文体	80	80	180
餐饮	100	120	400
娱乐	100	200	400
交通	60	100	100
医疗	60	100	170
住宅	150	450	1000 ~ 1200
会所	300	500	1000 ~ 1200

注：1. 如业主指定设计师，则按上述报价上浮 10% ~ 20%，

2. 项目分类可参照以下说明：

❸ 建筑装饰工程设计合同参考范本

建筑装饰工程设计合同

工程名称：________________________________

工程地点：________________________________

合同编号：________________________________

设计证书等级：____________________________

发包人：__________________________________

设计人：__________________________________

签订日期：________________________________

中国建筑装饰协会监制

目　录

发包人：______________________________________

设计人：______________________________________

发包人委托设计人承担“____________”工程设计，经双方协商一致，签订本合同。

1. 合同依据

本合同依据下列文件签订：

1.1 《中华人民共和国合同法》、《中华人民共和国建筑法》、《建设工程勘察设计管理条例》、《建筑工程设计文件编制深度规定》（2008）。

1.2　国家及地方有关建设工程勘察设计管理法规和规章。

1.3　建设工程批准文件。

2. 工程概况

（1）工程名称：______________________________________

（2）工程地址：______________________________________

（3）项目规模：总建筑面积____m^2，室内设计面积____m^2（其中地上约____m^2）地下约____m^2

（4）该项目主要使用功能：______________________________

（5）投资估算：约__________万元人民币

3. 设计范围、阶段划分、设计深度、设计规范及设计服务

3.1　设计范围

本合同设计范围为：（在下列内容中打“√”选择，不选择的项目打“×”）

□ 建筑室内装饰设计；

□ 给水排水、暖通空调、建筑电气的末端元器件配合设计；

□ 给水排水、暖通空调、建筑电气的系统改造设计；

□ 智能化专项设计；

□ 厨房工艺设计；

□ 专业照明设计；

□ 家具设计与选型；

□ 陈设配饰设计与选型；

□ 室内建筑声学设计；

□ 装修引起的结构修改设计；

□ 室内幕墙设计（玻璃、石材等幕墙设计）；

□ 舞台机械设计；

□ 舞台灯光设计；

□ 设计概算；

□ 施工图预算；

□ BIM 验证设计；

□ 特殊工艺设计。

不含煤气等其他当地管理部门限制的特殊专业设计；不含超越设计人资质范围的专业设计。

3.2 设计阶段

包括方案设计阶段、初步设计阶段、施工图设计阶段。

3.3 设计深度

满足 2008 年 11 月住房和城乡建设部颁发的《建筑工程设计文件编制深度规定》。

3.4 设计规范

本合同设计采用中华人民共和国现行的相关规程和规范。

3.5 设计服务

解决施工中与设计相关的技术问题，解答业主咨询的与设计相关的技术问题。

4. 设计费及支付

4.1 本合同暂定设计费为________________元（大写：________________）。

详见下表

序号	分项目名称	建设规模		设计阶段及内容			设计费（万元）
		投资额度（万元）	设计面积（m^2）	方案	初步设计	施工图	
1							
2							
3							
合计							
说明							

4.1.1 包含设计方人员赴工地现场的旅差费______一人次 / 日，每人每次不超过 2 天。

超过约定人次日赴项目现场所发生的费用（包括且不限于往返机票费、机场建设费、交通费、食宿费、保险费等）和人工费由发包人方另行支付。

4.1.2 长期驻现场的设计工地代表的技术服务费由发包人另行支付。

4.1.3 以建筑面积收取设计费时，当项目实际设计面积与合同设计面积不符时。按实际设计的建筑面积核算设计费，多退少补。

4.2 付费进度

付费次序	占总设计费%	付费额（万元）	付费时间
第一次付费	20%定金		合同签订后 3 日内
第二次付费	30%		方案提交后 3 日内
第三次付费	20%		初步设计文件提交后____日内
第四次付费	25%		施工图设计文件提交后____日内
第五次付费	5%		工程竣工验收前

注：合同履行完毕后，定金抵作设计费。

5. 发包人应向设计人提交的有关资料及文件

序号	资料及文件名称	份数	提交日期	有关事宜
1	项日立项报告和审批文件	1	方案开始三天前	
2	设计任务书	1	方案开始三天前	
3	项目建筑设计全套图纸（含 CAD 文件）	1	方案开始三天前	
4	方案设计确认单（含初步设计开始设计指令）	1	初步设计开始三天前	
5	初步设计确队单（含施工图开始设计指令）	1	施工图设计开始三天前	
6	其他设计资料	1	各设计阶段设计开始天前	
7	竣工验收报告	1	工程竣工验收通过后 5 日内	

6. 设计人应向发包人交付的设计资料及文件

序号	资料及文件名称	份数	提交日期	有关事宜
1	方案设计文件	3	合同签订后______天	
2	初步设计文件	8	在相关部门批准方案设计文件后______天	
3	施工图设计文件	8	在相关部门批准扩初文件后______天	

注：1. 在发包人方所提供的设计资料（含设计确认单及开始下一阶段设计指令等）能满足设计人进行相应阶段设计的前提下后开始计算该阶段的设计时间。

2. 上述设计时间不包括国家法定的节假日。

3. 设计周期不包括设计人提交阶段性设计成果后发包人审核与反馈意见的时间以及相关部门对设计成果的审批时间。

7. 发包人责任

7.1 发包人按本合同第 5 条规定的内容，在规定的时间内向设计人提交基础资料及文件，并对其完整性、正确性及时限负责。发包人不得要求设计人违反国家有关标准进行设计。

发包人提交上述资料及文件超过规定期限 10 天以内，设计人按本合同第 4 条规定交付设计文件时间顺延；超过规定期限 10 天以上时，设计人员有权重新确定提交设计文件的时间。

7.2 发包人变更委托设计项目、规模、条件，或因提交的资料错误以及所提交资料含较大修改，造成设计人设计需返工时，双方除需另行协商签订补充协议（或另订合同）、重新明确有关条款外，发包人应按设计人所耗工作量向设计人增付设计费。

在未签订合同前，发包人已同意设计人为发包人所做的各项设计工作，应接收费标准计算相应费用，并在合同签订后 7 天内予以支付。

7.3　发包人要求设计人比合同规定时间提前交付设计文件时，如果设计人能够做到，发包人应根据设计人提前投入的工作量，向设计人支付赶工费，赶工费的标准为：＿＿＿＿＿＿元 / 天。

7.4　发包人应为派赴现场处理有关设计问题的工作人员提供必要的工作、生活及交通等方便条件。

7.5　发包人应保护设计人的投标书、设计方案、文件、资料图纸、数据、计算软件和专利技术。未经设计人同意，发包人对设计人交付的设计资料及文件不得擅自修改、复制、向第三人转让或用于本合同以外的项目，如发生以上情况，发包人应负法律责任，设计人有权向发包人提出索赔。

7.6　发包人确认设计方案后，由于非设计人的原因，发包人要求修改设计方案，修改设计的费用参照合同设计收费标准，由双方协商确定。

8. 设计人责任

8.1　设计人应按国家规定的技术规范、标准、规程及发包人提出的设计要求进行工程设计，按合同规定的进度要求提交质量合格的设计资料，并对其负责。

8.2　设计人采用的主要技术标准是：国家设计规范、行业设计标准及技术措施。

8.3　设计人按本合同第 3 条和第 5 条规定的内容、进度及份数向发包人交付资料及文件。如发包人书面要求设计人提供电子文件时，设计人原则上仅提供 PDF 版电子设计文件（发包人需签收）。

8.4　设计人交付设计资料及文件后，按规定参加有关的设计审查，并根据审查结论负责对不超出原定范围的内容做必要调整补充。设计人按合同规定时限交付设计资料及文件，本年内项目开始施工，负责向发包人及施工单位进行设计交底、处理有关设计问题和参加竣工验收。在一年内项目尚未开始施工，设计人仍负责上述工作，但应按所需工作量向发包人适当收取咨询服务费，收费额由双方商定。

8.5　设计人应保护发包人的知识产权，不得向第三人泄露、转让发包人提交的产品图纸等技术经济资料。如发生以上情况并给发包人造成经济损失，发包人有权向设计人索赔。

8.6　通过设计洽商能解决的设计修改，不再另行收取设计费。若发包人要求设计的建筑功能、装饰风格、机电系统等修改或同一处做第二次修改，则双方协商，设计人收取修改设计费。

9. 违约责任

9.1　在合同履行期间，发包人要求终止或解除合同的，设计人不退还发包人已付的定金。同时发包人应根据设计人已进行的实际工作量支付设计费，不足一半时，按该阶段设计费的一半支付；超过一半时，按该阶段设计费的全部支付。

9.2　发包人应按本合同第 4 条规定的金额和时间向设计人支付设计费，每逾期支付一天，应承担逾期部分金额千分之二的逾期付款违约金。逾期超过 30 天以上时，设计人有权暂停履行下阶段工作，并书面通知发包人。

发包人的上级主管单位或设计审批部门对设计文件不审批，或者本项目停建或缓建超过＿＿天的，及在设计人提交相应阶段的设计文件后的＿＿天内，发包人仍未向设计人提交该阶段设计成果的批准文件或开始下一阶段设计工作的书面通知的，发包方应按照本合同 9.1 条约定支付设计费。

9.3　设计人对设计资料及文件出现的遗漏或错误负责修改或补充。由于设计人员错误造成工程质量事故损失的，设计人除负责采取补救措施外，应免收直接受损失部分的设计费。

9.4　由于设计人自身原因，延误了按本合同第 4 条规定的设计资料及设计文件的交付时间，每延误一天，应减收该阶段应收设计费的千分之二。

9.5　合同生效后，设计人因可归责于自身的原因单方终止或解除合同的，设计人应双倍返还不发包人已支付的定金。

10. 其他

10.1　发包人要求设计人派专人留驻施工现场进行配合与解决有关问题时，双方应另行签订补充协议或技术咨询服务合同。

10.2　设计人为本合同项目所采用的国家或地方标准图，由发包人自费向有关出版部门购买。本合同第 6 条规定设计人交付的设计资料及文件份数超过《工程设计收费标准》规定的份数，设计人另收工本费。

10.3　本工程设计资料及文件中，建筑材料、建筑构配件和设备，应当注明其规格、型号、性能等技术指标，设计人不得指定生产厂、供应商。发包人需要设计人的设计人员配合加工订货时，所需要费用由发包人承担。

10.4　发包人委托设计人配合引进项目的设计任务，从询价、对外谈判、国内外技术考察直至建成投产的各个阶段，应吸收承担有关设计任务的设计人员参加。出国费用，除制装费外，其他费用由发包人支付。

10.5　发包人委托设计人承担本合同内容以外的工作服务，另行支付费用。

10.6　由于不可抗力因素致使合同无法履行时，双方应及时协商解决。

10.7　本合同项下所有文件可通过专人送达，也可以通过特快专递或传真送达下列指定的地址、传真机和收件人。

发包人：

通讯地址：

收件人：

电话：

传真：

邮箱：

设计人：

通讯地址：

收件人：

电话：

传真：

邮箱：

10.8 本合同发生争议时，双方当事人应及时协商解决。协商不成时，双方当事人同意由________仲裁委员会仲裁。

10.9 本合同一式捌份，发包人肆份，设计人肆份。

10.10 本合同经双方签字盖章后生效。

10.11 本合同生效后，按规定到项目所在地省级建设行政主管部门规定的审查部门备案。双方履行完合同规定的义务后，本合同即行终止。

10.12 本合同未尽事宜，双方可签订补充协议，有关协议及双方认可的来往电报、传真、会议纪要等，均为本合同组成部分，与本合同具有同等法律效力。

10.13 其他约定事项：发包人和设计人对本合同的内容应保密，一方违反签署约定导致对方损失的，应予以赔偿。

（以下无正文）

发包人名称：	设计人名称：
（盖章）	（盖章）
法定代表人：	法定代表人：
或委托代理人：	或委托代理人：
经办人：	经办人：
签订日期：　　年　月　日	签订日期：　　年　月　日
住所：	住所：
邮政编码：	邮政编码：
电话：	电话：
传真：	传真：
开户银行：	开户银行：
银行账号：	银行账号：

❹ 室内装饰装修工程施工合同参考范本

XX省XX市住宅室内装饰装修工程施工合同

（2016）版

发包方（甲方）：________________

承包方（乙方）：________________

合 同 编 号：________________

二零一六年

XX省XX市住宅室内装饰装修工程施工合同

发包方（甲方）：______________身份证号码：______________

联系（通信）地址：______________

电话：1. ______________2. ______________手机：______________

承包方（乙方）：______________

公司地址：______________

法定代表人：______________ 电话：______________

营业执照号：______________

签约人（或代理人）：______________ 电话：______________

依照《中华人民共和国合同法》、建设部《住宅室内装饰装修管理办法》及其他有关法律法规，结合家装工程施工特点，经双方协商一致，签订本合同。

一、工程概况

1. 工程地址：______________

2. 建筑面积：______________m^2

3. 户型：__________室__________厅__________卫，为平层□，或错层□，或复式□，或别墅□（□为确定的内容，以√或×表示，下同）

4. 承包方式双方商定采用下列第______________种方式承包；

A. 乙方包工包料（见预算单）；

B. 乙方包工、包部分施工材料，甲方提供其余部分主材（见预算单）；

C. 乙方包工，甲方包料（见预算单）。

5. 施工内容：（详见预算单及有关设计方案、施工图纸）。

6. 工期（合同价款之外的增加工程量工期，不在本工期约定范围内）

______年______月______日至______年______月______日 总工限期：______天

7. 合同价款：

本合同工程总造价（人民币）______________ 金额大写：______________

（其中半包部分______________ 主材费 ______________）

8. 支付方式：

①合同签订生效后，甲方按下列表中的约定向乙方支付工程款：

<table>
<tr><th>支付次数</th><th>支付时间</th><th>工程款</th><th>支付比例</th><th colspan="2">应支付金额</th></tr>
<tr><td>第一次</td><td>签订合同之日</td><td>工程造价</td><td>70%　元</td><td colspan="2">元</td></tr>
<tr><td rowspan="2">第二次</td><td rowspan="2">工程进度过半</td><td>半包部分</td><td>25%　元</td><td>元</td><td rowspan="2">元</td></tr>
<tr><td>主材费</td><td>30%　元</td><td>元</td></tr>
<tr><td>第三次</td><td>竣工验收合格（除赠品以外）</td><td>半包部分</td><td>5%</td><td colspan="2"></td></tr>
</table>

②工程进度过半指工程中水、电管线全部铺设完毕、闭水实验完毕，所有墙地砖铺设完毕，地面找平完毕为界定工程过半的标准。甲方交纳中期款后方可进行其余项目的施工。油工工程、木工现场制作或厂家加工的成品定制产品及安装，均界定为工程过半之后的施工标准。

③工程验收合格后，甲方对乙方提交的工程竣工单上签字。自签字之日起，即视为验收合格同意竣工，甲方同意支付乙方工程尾款。

9. 乙方向甲方收取工程款时，应提供盖有“财务专用章”的收据，否则甲方可以拒付。

二、设计图纸

双方商定设计图纸采取下列第____________种方式提供：

1. 甲方自行提供设计图纸，图纸一式叁套，甲方一套，乙方贰套。
2. 甲方委托乙方设计施工图纸，图纸一式二套，甲乙双方各一套。

三、甲方工作

1. 若由甲方自行设计的，开工前应向乙方提供确认的设计图纸和施工说明，进行现场交底，并签字认可。
2. 审核和确定乙方提供的设计图纸、预算报价及主材选料单，并分别签字认可。
3. 开工前为乙方入场施工创造条件，包括搬清室内家具、陈设或归堆、遮盖，以不影响施工为原则。
4. 无偿提供施工所需的水、电。办理施工所涉及申请手续及支付相关费用。
5. 负责办理物业部门开工手续和支付有关费用。
6. 遵守物业管理部门的各项规章制度。
7. 不得有下列行为：

（1）要求乙方随意改动房屋主体和承重结构。

（2）要求乙方在外墙上开窗、门或扩大原有门窗的尺寸，拆除连接阳台门窗的墙体。

（3）要求乙方破坏房屋、厕所地面防水层和拆改热、暖、燃气等管道设施。

（4）要求乙方违章作业施工的其他行为。

8. 凡必须涉及以上第7条行为的，房屋产权人应向房屋管理部门或物业管理部门提出申请，由原设计单位或具有相应资质等级的设计单位，对改动方案的安全使用性进行审定并出具书面证明，由房屋管理部门或物业管理部门批准。

9. 施工期间甲方仍需部分使用该室的，甲方则应负责配合乙方做好保卫及消防工作。

10. 负责协调施工队与邻里之间的关系。

11. 参加工程质量、施工进度的监督和隐蔽工程、中期工程及竣工工程质量验收。

四、乙方工作

1. 严格执行施工规范、安全操作规程、防火安全法规和环境保护规定。严格按双方确认的设计图纸和施工说明进行施工，按期保质完成装修工程。

2. 若由乙方设计，开工前向甲方提供双方确认的设计图纸和施工说明，并进行现场交底。

3. 施工中不得拆改承重结构、暖通及燃气设施，如确需拆改须由甲方到有关部门办理相应审批手续。

4. 确保装修质量，尤其是水、电等隐蔽工程和防水防渗漏工程质量。装修期间和保修期内如发生施工造成的质量问题，负责返工返修，费用自负。

5. 遵守有关部门对施工现场管理的规定，做好现场安全保卫工作，处理好施工扰民问题及与四邻的关系。

6. 保护好原居室内的家具和陈设，保证施工现场的整洁，工程完工后负责清理装修垃圾，并负责将垃圾运到指定地点。

7. 组织好工程质量的自检和甲、乙双方共同进行隐蔽工程、中间工程和竣工验收。

五、工程监理

若本工程实行第三方工程监理，甲方应与具有相应资质的工程监理公司另行签订《工程监理合同》，并将监理工程师的姓名、单位、联系方式及监理工程师的职责等通知乙方。

六、工期

1. 乙方应按合同期限完成整个工程，不得无故拖延工期，除甲方变更设计方案和停电、停水、电梯无法使用等不可抗力因素导致停工 4 小时以上等原因外，工期每拖延一天，由乙方支付甲方工程总造价千分之一的违约金。

2. 由于甲方原因导致中途停工，工期顺延。且每停工一天，由甲方按工程造价的千分之一补偿乙方误工费。

3. 若甲方增加工程内容，按新增加工程量工期顺延。

4. 若甲方未按期支付工程款的，工期按甲方交款日相应顺延。

5. 因行业特殊性，跨年期间无法施工，工期应顺延一个月。

6. 若乙方提供的成品定制主材，存在外观或与约定不符等问题，但不影响使用时，乙方可先行安装，待重新制作后，进行更换。重新制作期间，所产生的工期，不计入延期赔偿。

7. 若因甲方自行施工合同预算外工程项目造成乙方无法施工，则工期按照甲方施工项目完成日，开始计算合同工期。

8. 若因甲方小区周六、周日及国家法定节假日规定无法施工，则该日期不计算在合同约定工期内。

七、材料供应

1. 本工程甲方采购的材料、设备，应为符合设计要求、正规厂家的合格产品，并应按时供应现场。

如因质量问题、规格差异或“三无”产品造成损失，由甲方自行承担。

2. 凡由乙方供应的材料、设备其品牌、规格、单价、产地及质量，以展厅样品为标准，水电料及其他辅料品牌以预算为准。

八、工程变更

1. 工程项目及施工方式如需要变更，双方应协商一致，签订书面工程变更单，同时调整相关工程费用及工期。工程变更单，作为竣工结算和顺延工期的根据，自甲方签字起，立即生效。

2. 甲方若中途要求变更设计，影响到乙方已购回的材料、已定制的成品、半成品的施工，且无法调整的，损失由甲方承担。

九、工程质量验收及保修

1. 在施工过程中分下列阶段对工程质量进行联合验收：

（1）隐蔽工程验收

（2）中期验收

（3）竣工验收

2. 甲乙双方应按约定及时办理以上工程质量的检查和验收手续，各阶段验收后应填写《工程验收单》，如甲方未能按约定日期参加验收，由乙方组织人员进行验收，甲方应予以承认。事后，若甲方要求复验，乙方按要求进行复验，若复验合格，其复验及返工费用由甲方承担，工期顺延。

3. 工程竣工后，乙方应通知甲方验收，甲方自接到竣工验收通知二日内组织验收，应填写《竣工验收单》。验收合格后，双方办理移交手续，结清尾款，签署保修单。若甲方自接到竣工验收通知逾期未组织验收，视为工程合格，同意竣工，应办理结算手续。（未出现在预算报价单及增项单上的项目，乙方不予承担任何责任）

4. 工程尾期验收后 7 日内，如甲方未支付工程结算款，乙方将从第 8 日起，以合同款千分之一每天收取滞纳金，同时视为甲方自动放弃保修及维修的权利，且乙方保留追讨欠款的权利；甲方未结清工程决算款时，未经验收，如甲方擅自使用房屋或更换钥匙（包括废除装修钥匙），视为验收合格。

5. 工程以双方确认的设计图纸、预算报价单、主材选购单、设计变更等为依据，以《建筑装饰装修工程质量验收规范》（GB50210—2001）为质量验收与评定的标准；以《关于实施室内装饰装修材料有害物质限量 10 项强制性国家标准的通知》（国质检标函 [2002] 392 号）和《民用建筑工程室内环境污染控制规范》（GB50325—2010）为室内环境达标标准。

6. 保修期自工程竣工甲方验收日起为贰年。水、电、防漏工程的保修期为五年。其中墙地砖、木地板、洁具、五金件、整体橱柜、木门等保修期为壹年。

7. 在合同规定的工程项目竣工后，家具、配饰安装布置前，甲方要求对室内空气质量进行检测的，可委托具有法定资格的环境质量检测机构对室内空气质量进行检测，室内空气质量合格方可投入使用，检测费用由甲方承担。如检测质量不合格，初次检测费由乙方承担，并由乙方治理，检测空气质量及治理不计入工期延误。

8. 在竣工验收中确认的质量问题，乙方负责返修（返工）并承担费用，但不再承担延误工期责任。

十、违约责任

1. 甲方未办理有关手续，擅自决定拆改房屋结构或煤气表、管，采暖、给排水主要管线，造成的损失和责任由甲方承担。

2. 未经有关部门批准，未办理有关手续，乙方擅自拆改房屋结构或煤气表、管，采暖、给排水主要管线，造成的损失和责任由乙方承担。

3. 在施工过程中，甲方未与乙方代表协商私自要求工人更改施工内容，所引起的质量问题由甲方承担责任。

4. 若因违反施工规范、安全操作规程、防火法规、环保规定和双方其他约定，对乙方自身和对甲方造成的损失，由乙方承担责任。

5. 因一方原因，合同无法履行或继续履行时，应通知对方，办理合同终止手续，结清已施工项目费用并赔偿对方违约金，违约金按合同金额的 20% 支付。

十一、争议或纠纷处理

1. 本合同在履行期间，双方发生争议可采取协商解决或向 ×× 建筑装饰协会家装委员会申请调解。

2. 当事人不愿通过协商、调解或协商、调解不成时，甲乙双方同意以第____种方式解决：

（1）×× 市仲裁委员会仲裁；（2）向人民法院提起诉讼。

十二、其他约定事项

____

____

____

____

____

____

甲方代表（签章）：　　　　　　　　　　乙方代表（签章）：

合同签订日期：　　　年　　月　　日

参考文献

[1] 程建军 . 风水与建筑 [M]. 江西南昌：江西科学技术出版社，1997.

[2] 南京建筑工程学院建筑与城市规划学院，北京工业大学建筑与城市规划学院 . 建筑设计入门教与学 [M]. 北京：机械工业出版社，2010.

[3] 黄源 . 建筑设计初步与教学实例 [M] . 北京：中国建筑工业出版社，2007.

[4] 傅熹年 . 中国古代建筑十论 [M] . 上海：复旦大学出版社，2004.

[5] 潘谷西 . 中国建筑史 5 版 [M]. 北京：中国建筑工业出版社，2003.

[6] 楼庆西 . 中国建筑的门文化 [M]. 郑州：河南科学技术出版社，2001.

[7] 王其钧 . 华夏营造：中国古代建筑史 [M]. 北京：中国建筑工业出版社，2005.

[8] 侯幼彬，李婉贞 . 中国古代建筑历史图说 [M]. 北京：中国建筑工业出版社，2002.

[9] 周越 . 图说西方室内设计史 [M]. 北京：中国水利水电出版社，2010.

[10] 朱和平 . 世界现代设计史 [M]. 南京：江苏美术出版社，2013.

[11] 刘星雄 . 欧式门窗 [M]. 北京：中国建筑工业出版社，2006.

[12] （英）科尔（Cole E.）主编 . 陈镌等译 . 世界建筑经典图鉴 [M]. 上海：上海人民美术出版社，2003.

[13] （美）伯登（Burden E.）著 . 张利 . 姚虹译 . 世界建筑简明图典 [M]. 北京：中国建筑工业出版社，1999.

[14] 陈志华 . 外国建筑史（19 世纪末叶以前）（第三版）[M]. 北京：中国建筑工业出版社，2004.

[15] 刘松茯 . 外国建筑历史图说 [M]. 北京：中国建筑工业出版社，2008 .

[16] 叶铮 . 室内建筑工程制图 [M]. 北京 . 中国建筑工业出版社，2004 .

[17] 王蔚 . 不同自然观下的建筑场所艺术：中西传统建筑文化比较 [M]. 天津：天津大学出版社，2004.

[18] 鄂大伟 . 多媒体技术基础与应用（第 3 版）[M]. 北京：高等教育出版社，2007.

[19] 唐茜，曹艳 . 快速入门 AutoCAD 环艺制图 [M]. 南京：江苏美术出版社，2014.

[20] 武峰，尤逸南 . CAD 室内设计施工图常用图块 [M]. 北京：中国建筑工业出版社，2001.

[21] 黄文宪 . 景观设计教程 [M]. 南宁：广西美术出版社，2009.

[22] （美）迈克尔 . 韦伯编著 . 王建国译 . 国外花园别墅设计集锦 7：花园别墅 [M]. 北京：中国建筑工业出版社，2003.

[23] 徐文涛 . 苏州园林：留园 [M]. 北京：长城出版社，2000.

[24] 刘海涛 . 花园与庭园风水植物 [M]. 武汉：华中科技大学出版社，2009.

[25] 郭成源 . 园林设计树种手册 [M]. 北京：中国建筑工业出版社，2006.

[26] 龙雅宜 . 常见园林植物认知手册 [M]. 北京：中国林业出版社，2006.

[27] 昵图网：http：//www.nipic.com

视频资源使用方法

本书中知识点所对应教学视频，主要包括：

（001）AUTOCAD 简介及建筑柱网由来

（002）3DSMAX 建筑室内外的建模视频

（003）PHOTOSHOP 的后期效果图处理

（004）AUTOCAD 的建筑标准标注视频

（005）把 CAD 文件转 PS 中画彩色平面图

（006）如何快速获得一张建筑手绘稿

（007）如何快速将建筑手绘稿复印放大

（008）如何快速将建筑手绘稿喷胶装裱

（009）如何快速绘制水彩彩铅建筑外观

（010）如何快速绘制马克笔室内效果图

（011）如何快速绘制数字手写板景观图

（012）大型吊车、大树起运、灌木移植

（013）投标文本的制作和光盘封面制作

（014）投标效果图的装饰相框装裱制作

（015）投标时现场效果图演示视频制作

具体使用方法如下：

一、移动设备用户

1. 刮开图书封底网上增值服务标涂层，扫描二维码，按提示下载并安装我社“建工社学习”APP。

2. 在“建工社学习”APP 中登录后（已注册过我社网站的用户可直接登陆，未注册用户需登陆“中国建筑出版在线 www.cabplink.com”网站进行注册），再次扫描图书封底的二维码进行绑定，即可使用。每一个二维码只能绑定一次。

3. 点击“建工社学习”中的图书封面，即可进入观看相应资源。

二、计算机用户

1. 访问“ltjc.cabplink.com”网站，注册用户并登录，然后按照提示输入封底网上增值服务标涂层下的 ID 及 SN 进行绑定，每一组号码只能绑定一次。

2. 绑定成功后，即可进入观看相应资源。

注：部分 IOS 系统用户打开 APP 后出现“未受信任的企业级开发者”提示，可在“设置—通用—设备管理 / 描述文件—企业级应用”中点击“信任”进行设置，即可顺利打开 APP。如输入 ID 及 SN 号后无法通过验证，请及时与我社联系：联系电话：4008-188-688（周一至周五工作时间）